••• Títulos relacionados

AGAF0108 FRUTICULTURA
[DISPONIBLE CERTIFICADO COMPLETO]

AGAO0208 INSTALACIÓN Y MANTENIMIENTO DE JARDINES Y ZONAS VERDES
[DISPONIBLE CERTIFICADO COMPLETO]

AGAR0208 REPOBLACIONES FORESTALES Y TRATAMIENTOS SILVÍCOLAS
[DISPONIBLE CERTIFICADO COMPLETO]

Determinación del estado sanitario de las plantas, suelo e instalaciones y elección de los métodos de control

UF0006

Santiago Soria Carreras
Santiago Soria Ruiz-Ogarrio

Edición y maquetación: Ediciones Nobel, S. A.

Impresión: Liberdigital (Casarrubuelos, Madrid)
ISBN: 978-84-283-6420-1
Depósito legal: M-16059-2024

Impreso en España

Índice

Introducción normativa

La Ley Orgánica 3/2022, de 31 de marzo, de ordenación e integración de la Formación Profesional, contiene una disposición derogatoria única que afecta a la regulación de los certificados de profesionalidad, ahora denominados **Certificados Profesionales.** La referida normativa deroga la Ley Orgánica 5/2002, de 19 de junio, de las Cualificaciones y de la Formación Profesional, y abre un escenario de cambios que se irán implementando progresivamente.

La Ley Orgánica 3/2022, de 31 de marzo, de ordenación e integración de la Formación Profesional implica que toda la formación es acumulable. La oferta formativa se estructura de forma escalonada, siendo los Certificados Profesionales un nivel intermedio (Grado C) de una escala que va desde el Grado A hasta el E.

En los artículos 35 a 38 de la Ley 3/2022 se describe en qué consisten estos Certificados Profesionales: su oferta, formación asociada, estructura, duración, acceso, titulación y validez. Posteriormente, esta normativa se completa con lo dispuesto en el Real Decreto 659/2023, de 18 de julio, que desarrolla la ordenación del sistema de Formación Profesional. Concretamente en los artículos 67 a 81 es donde se hace referencia a la oferta formativa de Grado C, correspondiente a los Certificados Profesionales.

Están agrupados en 26 familias profesionales con características comunes del sector. En la actualidad hay más de medio millar de Certificados Profesionales incluidos en el Repertorio Nacional. Esta cifra no deja de crecer. Además, cada certificado está específicamente regulado por un real decreto.

Un Certificado Profesional corresponde al Grado C de la oferta del Sistema de Formación Profesional. Es un documento oficial, con validez en todo el territorio nacional y debe constar en el Catálogo Nacional de Ofertas de Formación Profesional, que certifica la capacitación para el desarrollo de una actividad profesional.

Debe detallar los módulos profesionales superados y los estándares de competencia profesional asociados a él e incluidos en el **Catálogo Nacional de Estándares de Competencias Profesionales**, así como su correspondencia con el Marco Español de Cualificaciones.

Despliegan su validez en un doble ámbito, laboral y académico:

- En el contexto laboral tienen validez profesional, porque acreditan las competencias en una determinada profesión. Para poder trabajar en algunas profesiones, se exigen determinadas cualificaciones, y los certificados sirven para acreditarlas.
- Asimismo, tienen validez académica, puesto que permiten continuar un itinerario formativo siempre que se cumplan los requisitos de acceso para cursar la titulación deseada. De tal modo que, los Certificados Profesionales que sean parte de un Grado D permitirán la matrícula modular para completar los módulos establecidos en el currículo y obtener el correspondiente título de técnico básico, técnico o técnico superior con validez en todo el territorio nacional.

Para obtener un Certificado Profesional (Grado C) es preciso cumplir con los requisitos de acceso para realizar la formación.

Estructura de los Certificados Profesionales

I. Identificación: denominación, familia y área profesional a la que pertenecen; nivel de cualificación profesional (1, 2 o 3); cualificación profesional de referencia; entorno profesional y módulos formativos que esté previsto cursar junto con la duración de cada uno de ellos.

II. Perfil profesional: incluye las competencias profesionales requeridas en el mercado laboral. En todas ellas se concretan las realizaciones profesionales y los criterios de realización.

III. Formación: describe los módulos formativos que esté previsto cursar para adquirir las competencias requeridas. En cada uno de ellos se indican las capacidades que se pretende alcanzar y la duración del módulo de prácticas no laborales —PNL—, para el que cabe solicitar exención si se cumplen determinados requisitos.

IV. Prescripciones de las personas formadoras.

V. Requisitos mínimos de espacios, instalaciones y equipamiento.

Los Certificados Profesionales se identifican con una denominación concreta y un código alfanumérico propio, y sirven para acreditar una determinada cualificación profesional. Cada certificado está asociado a una relación de unidades de competencia que, a su vez, se vinculan con una serie de módulos formativos específicos. Algunos módulos están integrados por unidades formativas y tanto unos como otras son, en ocasiones, transversales, lo que significa que se trata de contenidos incluidos en más de un Certificado Profesional.

Los Certificados Profesionales se articulan en tres niveles de competencia profesional (1, 2 y 3) conforme a lo dispuesto en el que será el Catálogo Nacional de Estándares de Competencias Profesionales, anteriormente Catálogo Nacional de Cualificaciones Profesionales (CNCP), según los criterios establecidos de conocimientos, iniciativa, autonomía y complejidad de las tareas, en cada una de las ofertas de Formación Profesional.

La oferta formativa dirigida a la obtención de los Certificados Profesionales tiene carácter modular para favorecer la acreditación parcial acumulable de la formación recibida y posibilitar así el avance en el itinerario de Formación Profesional para cualquiera que sea la situación laboral de cada persona en cada momento.

En definitiva, el Grado C constituye la oferta, parcial y acumulable, del sistema de Formación Profesional, de varios módulos profesionales del catálogo modular de Formación Profesional por razón de su significado en el mercado laboral y conducente a la obtención de un Certificado Profesional.

Las ofertas de Grado C de Formación Profesional tendrán por objeto módulos profesionales incluidos previamente en el catálogo modular de formación profesional y asociados al Catálogo Nacional de Estándares de Competencias Profesionales.

Finalidad de los Certificados Profesionales

- Contribuir a la ordenación de un Sistema de Formación Profesional al servicio de un régimen de formación y acompañamiento profesionales que sea capaz de responder con flexibilidad a los intereses, expectativas y aspiraciones de cualificación profesional de las personas a lo largo de su vida.
- Combinar escuela y empresa situando a la persona en el centro del sistema.
- Facilitar el aprendizaje permanente de toda la ciudadanía mediante una formación abierta, flexible y accesible, estructurada de forma modular, a través de la oferta formativa asociada al certificado.
- Acreditar las cualificaciones profesionales o las unidades de competencia recogidas en estas, independientemente de su vía de adquisición, bien sea través de la vía formativa, o mediante la experiencia laboral o vías no formales de formación.
- Favorecer, tanto a nivel nacional como europeo, la transparencia del mercado de trabajo.
- Contribuir a la calidad de la oferta de Formación Profesional.

Este libro

El presente libro desarrolla la Unidad Formativa denominada *Determinación del estado sanitario de las plantas, suelo e instalaciones y elección de los métodos de control,* UF0006.

Esta unidad formativa, incluida en el Módulo Formativo MF 0525_2 *Control fitosanitario* correspondiente a los certificados profesionales: *Cultivos herbáceos* (AGAC0108); *Fruticultura* (AGAF0108); *Horticultura y floricultura* (AGAH0108) *Instalación y mantenimiento de jardines y zonas verdes* (AGAO0208), cuyos contenidos se definen en el Real Decreto 1375/2008, y a los Certificados Profesionales *Producción y recolección de setas* (AGAU0112) regulado por el Real Decreto 627/2013, de 2 de agosto, *Producción de semillas y plantas de vivero* (AGAU0110) regulado por el RD 1519/2011, de 31 de octubre, *Repoblaciones forestales y tratamientos silvícolas,* incluido en el MF1126_2 (AGAR0208), regulado por el RD 682/2011, de 13 de mayo, y *Gestión de repoblaciones y de tratamientos silvícolas,* incluido en el MF0729_3 (AGAR0109), regulado por el RD 682/2011, de 13 de mayo, de la familia profesional Agraria.

Según el Real Decreto (RD 1375/2008) los contenidos que en esta obra se recogen se corresponden con una duración de 60 horas.

Tanto la estructura como el desarrollo del libro se ajustan al citado real decreto y más concretamente a los contenidos de la unidad formativa *Determinación del estado sanitario de las plantas, suelo e instalaciones y elección de los métodos de control,* UF0006.

Contenido

1. Los enemigos de las plantas y los daños que producen

- Características generales sobre enfermedades:
  - — Concepto de enfermedad.
  - — Parasitismo vegetal: hongos y fanerógamas. Sintomatología e identificación.
  - — Definición de bacteria. Enfermedades producidas por bacterias. Sintomatología e identificación.
  - — Definición de virus. Enfermedades producidas por virus. Sintomatología e identificación.

- Características generales sobre plagas:
  - — Concepto de plaga.
  - — Plagas producidas por animales vertebrados.
  - — Plagas producidas por artrópodos (insectos, ácaros, miriápodos).
  - — Plagas producidas por gusanos.
  - — Plagas producidas por moluscos.
- Características generales sobre alteraciones fisiológicas:
  - — Concepto de alteración fisiológica.
  - — Clasificación de los agentes causantes.
  - — Agentes atmosféricos.
  - — Agentes contaminantes.
  - — Técnicas culturales.
- Agentes bióticos.
- Agentes abióticos. Clasificación: factores ambientales y climatológicos (acción de la luz, de las temperaturas, de la nieve y el granizo), derivados del suelo (acción del agua, estructura, abonos y pH).
- Muestreos: croquis, unidades de muestreo, técnicas a emplear, tamaño de la muestra, localización de los puntos de conteo, materiales y equipos, fichas y gráficos.
- Realización de conteos y tomas de muestras con técnicas y materiales adecuados.
- Identificación de agentes parasitarios, fauna exterior, plagas, enfermedades, carencias nutricionales, malas hierbas y fisiopatías más frecuentes.

2. Métodos de control de plagas

- Métodos físicos:
  - — Barreras (mallas, plásticos, etc.).
  - — Trampas cromotrópicas.
  - — Desinfección de suelos (solarización, vapor de agua, etc.).
- Prácticas culturales:
  - — Laboreo.

— Abonado y enmiendas.

— Riego y drenaje.

— Poda.

— Escardas.

— Rotación de cultivos.

— Uso de variedades resistentes y plantas transgénicas.

• Lucha química:

— Definición.

— Fundamentos.

— Técnicas utilizadas.

• Control integrado:

— Definición.

— Metodología.

— Técnicas utilizadas.

— Productos autorizados.

— Agrupaciones para el tratamiento integrado en agricultura (ATRIAS).

— Agrupaciones para la producción integrada en agricultura (APIs).

• Lucha biológica:

— Definición.

— Fauna auxiliar o enemigos naturales (parásitos, depredadores y microorganismos).

— Recogida y suelta de enemigos naturales.

— Formulaciones biológicas.

— Uso de feromonas en el control biológico.

— Desinfección de suelos (biofumigación).

• Medidas legislativas:

— Inspección.

— Cuarentena.

— Pasaporte fitosanitario.

3. Productos fitosanitarios: sustancias activas y preparados, interpretación del etiquetado y de las fichas de datos de seguridad

- Definición.
- Ingredientes:
  - — Materia activa.
  - — Ingrediente inerte.
  - — Coadyuvantes.
  - — Aditivos.
- Presentación.
- Interpretación de la etiqueta del producto fitosanitario:
  - — Concentración.
  - — Cultivos autorizados.
  - — Dosis recomendadas.
  - — Toxicología.
  - — Plazo de seguridad.
  - — Otros datos.
- Clasificación de los plaguicidas según:
  - — Agente sobre el que actúan.
  - — Grupo químico al que pertenece.
  - — Comportamiento en la planta.
  - — Especificidad.
  - — Modo de acción.
- Transporte y almacenamiento de productos fitosanitarios.
- Preparación de productos fitosanitarios para su aplicación:
  - — Dosis.
  - — Mezcla.
  - — Incompatibilidades.

Nota del editor

En Ediciones Paraninfo estamos comprometidos con la calidad de la formación e intentamos que nuestros materiales, respondan fielmente y con rigor a las necesidades de todos cuantos confían en nuestro sello editorial.

Tratamos de dar respuesta a los currículos de las unidades formativas y de los módulos que integran los distintos Certificados Profesionales, equilibrando la parte teórica con la práctica para que los procesos de aprendizaje se conviertan en experiencias gratificantes tanto para docentes como para las personas inmersas en los procesos formativos.

Contribuir de forma decisiva a afianzar aprendizajes, ayudar a adquirir destrezas que tengan significado para el empleo y conseguir potenciar el desarrollo personal es nuestra mayor satisfacción como editores.

Para lograrlo contamos con excelentes autores, expertos en las materias que abordan, en la mayoría de los casos docentes de dichas especialidades con dilatada experiencia profesional y académica, porque buscamos perfiles familiarizados con los contextos laborales concretos a los que se refieren nuestros manuales.

Confiamos en poder serte de ayuda y esperamos tus impresiones acerca de nuestro trabajo. Sean positivas o negativas, serán muy bien recibidas y, sin duda, nos ayudarán a seguir mejorando y trabajando con ilusión para continuar siendo un referente en formación para el empleo.

Agradecemos tu confianza en nuestros manuales. Todo nuestro equipo queda a tu total disposición. Puedes contactar con nosotros en esta dirección de correo electrónico: info@paraninfo.es.

1. Los enemigos de las plantas y los daños que producen

Contenido

1.1. Características generales sobre enfermedades

1.2. Características generales sobre plagas

1.3. Características generales sobre alteraciones fisiológicas

1.4. Agentes bióticos

1.5. Agentes abióticos. Clasificación: factores ambientales y climatológicos (acción de la luz, de las temperaturas, de la nieve y el granizo), derivados del suelo (acción del agua, estructura, abonos y pH)

1.6. Muestreos: croquis, unidades de muestreo, técnicas a emplear, tamaño de la muestra, localización de los puntos de conteo, materiales y equipos, fichas y gráficos

1.7. Realización de conteos y tomas de muestras con técnicas y materiales adecuados

1.8. Identificación de agentes parasitarios, fauna exterior, plagas, enfermedades, carencias nutricionales, malas hierbas y fisiopatías más frecuentes

Introducción

Las plantas, como todos los seres vivos, necesitan unas condiciones mínimas en su medio ambiente para poder vivir, desarrollarse y reproducirse, y por tanto, permanecer en el tiempo como especies diferenciadas. Pero esto no es suficiente para garantizar su supervivencia, ya que existen otra gran cantidad de especies vegetales y animales próximas con las que tienen que convivir, y entre las que siempre se producen interferencias.

La fitosanidad es la ciencia que estudia los diversos enemigos de las plantas, bióticos y abióticos, y los daños que producen. A la fitosanidad no le es ajena ni mucho menos la acción del hombre, bien por causar daños directos, bien por daños derivados de su actividad (contaminación, incendios, cambio climático...).

1.1. Características generales sobre enfermedades

1.1.1. Concepto de enfermedad

Decimos que un ser vivo, y en particular una planta, tiene una enfermedad cuando sufre alguna alteración que afecta a cualquiera de sus funciones vitales, impidiendo el normal funcionamiento de la misma.

En realidad, se trata de un ataque a una planta por otros seres vivos del antiguo reino vegetal (que engloba en la actualidad a los vegetales verdaderos, los hongos, y los protistas), o por alguna condición del medio ambiente en el que vive (suelo, aire o agua), que le causa algún daño, bien en su desarrollo o bien en su producción.

Por tanto, las enfermedades vegetales pueden tener un origen biótico o abiótico (en el primer caso no causadas por animales, ya que entonces, como veremos más adelante, hablamos de plagas), y no deben ser confundidas con efectos fisiológicos normales de los vegetales como la caída de hojas en especies caducifolias, la marchitez invernal en plantas anuales una vez completado su ciclo, la gutación por exceso de agua o los cierres estomáticos por escasez de esta... que constituyen comportamientos normales de cada especie, marcados por su evolución y, por tanto, no pueden ser considerados patológicos.

Figura 1. Los cambios de color otoñales son efectos fisiológicos normales, no patológicos.

1.1.2. Parasitismo vegetal: hongos y fanerógamas. Sintomatología e identificación

Los hongos

Hasta hace relativamente poco tiempo, los hongos eran considerados como vegetales de carácter "inferior" al no tener clorofila y no poder, por tanto, sintetizar su propio alimento, pero sí compartir con los vegetales una gran cantidad de rasgos más o menos comunes.

En la actualidad los hongos se han separado del reino vegetal, formando un reino propio llamado "Fungi". A su vez, del antiguo grupo de los hongos, así entendidos, se han separado lo que se conocían como "hongos inferiores", que se engloban hoy en el reino "Protista".

Desde el punto de vista fitosanitario, del reino Protista interesa solo el grupo de los *Oomycetes*.

Entre los *Oomycetes* se encuentran enfermedades de gran importancia agrícola, forestal y jardinera, siendo de todos conocidos los "mildius", como el mildiu de la vid *(Plasmopara viticola)*, que asoló Francia de 1870 a 1890 con pérdidas casi totales de las cosechas durante los 20 años. El mildiu de la vid es un parásito verdadero que no puede vivir fuera de su planta huésped.

Figura 2. Mildiu del tomate (Foto J. Ignacio Cadahía).

Gran cantidad de plantas herbáceas, arbustivas y arbóreas sufren ataques de diversos mildius, siendo siempre enfermedades de gravedad.

Si los mildius son conocidísimos, y a veces muy graves, los peores enemigos dentro de este grupo son los pertenecientes al género *Phytophthora*, que literalmente quiere decir "destructor de plantas", de *phyto*: planta, y *thora:* destruir.

Los ataques de este Oomiceto suelen acabar con la muerte del vegetal o vegetales infectados.

Las *Phytophthoras* son especies que normalmente viven en el suelo y son parásitos facultativos o semiparásitos, de modo que pueden sobrevivir largo tiempo en la tierra sobre materia vegetal muerta, volviéndose patógenos cuando las condiciones les favorecen. Una vez parasitan las plantas, aparecen pudriciones de cuello, necrosis, manchas, etc. y es normal que, por impedimento de la circulación de la savia, provoquen un rápido colapso de las plantas, con resultado de muerte.

Figura 3. Daños de *Phytophthora* en tomate (Foto J. Ignacio Cadahía).

Es tristemente famoso el ataque por *Ph. infestans*, en patata, en Irlanda de 1845 a 1849, que provocó una terrible hambruna que causó un millón de muertos y la emigración de más de 1.500.000 irlandeses, sobre todo a Estado Unidos.

El aislamiento de la enfermedad desde el suelo o desde las plantas atacadas es de gran dificultad, necesitándose la concurrencia de expertos para poder llegar a una identificación fiable, en particular a nivel de especie.

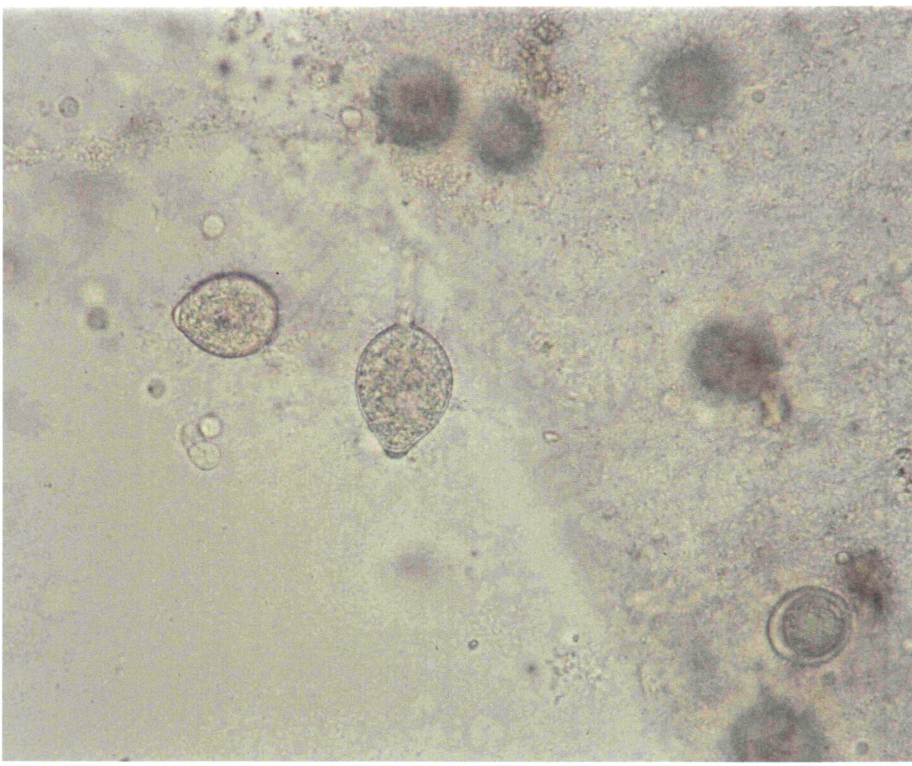

Figura 4. Esporangio de *Phytophtora*.

Los hongos verdaderos u hongos *sensu estricto* representan a los que antes se conocían como "hongos superiores" y son los que ahora se incluyen en el reino Fungi. Los hongos se diferencian de los *Oomicetos* por su forma de reproducción y porque la pared celular de los hongos contiene quitina (como en el caso de los animales) y no celulosa, como es típico de los *Oomicetos* y del reino vegetal *(Plantae)*.

La gran mayoría de los hongos son microscópicos y su alimentación, siempre heterótrofa, es saprofita, constituyendo un elemento fundamental en el proceso de descomposición de la materia muerta y, por tanto, con una actuación claramente positiva e imprescindible para el equilibrio biológico y la permanencia de los ecosistemas.

En el caso de los hongos que no se comportan como saprofitos estrictos, sus relaciones con el mundo vegetal pueden ser de cuatro tipos:

- Toda la vida (salvo las esporas de dispersión o de latencia en las que no hay alimentación), la pasan sobre un vegetal, del que toman sus sustancias alimenticias: son los parásitos estrictos o verdaderos.
- Parte de su vida con alimentación la pasan sobre un huésped vivo, como en el caso anterior, pero otra puede desarrollarse sobre materia orgánica muerta: son los parásitos facultativos.
- Actúan como en el caso anterior, pero la fase saprofita es obligatoria: son los semiparásitos.
- Se interrelacionan con otros vegetales, pero no los parasitizan, sino que hay un beneficio mutuo: son los simbiontes, como los líquenes o las micorrizas.

Figura 5. Micorriza de hongo en raíz. Un ejemplo de simbiosis.

Los hongos parásitos se han especializado, en gran medida, en el reino vegetal, de modo que es prácticamente imposible encontrar un vegetal que no sufra o pueda sufrir ataques de uno a más hongos y, muchas veces, cada especie de hongo puede actuar sobre varias o incluso muchas especies vegetales distintas.

Todas las partes vegetales pueden ser atacadas por diversos hongos: desde las raicillas más finas, hasta las yemas y brotes, así como las flores, frutos y productos recolectados y en almacén.

Además de los daños directos por alimentación del hongo (bien por captura de nutrientes, bien por destrucción de las células consumidas), los hongos producen otros efectos negativos sobre los vegetales atacados, como son las posibles alteraciones metabólicas por secreción de toxinas y enzimas y los bloqueos en la traslocación de nutrientes y agua a través de las plantas tanto por su propia presencia física como por reacciones de defensa de las plantas atacadas.

Entre las principales enfermedades causadas por hongos verdaderos, destacaremos:

- **Fumaginas.** Causan daños exclusivamente por su presencia física sobre los vegetales (y a veces sobre otros bienes que se puedan encontrar bajo ellos como coches aparcados, estatuas, bancos, etc.), ya que forman manchas carbonosas en forma de "costras", que pueden llegar a impedir la función clorofílica si ocupan una parte importante de la superficie foliar.

  El principal género es *Capnodium*, con multitud de especies, que muchas veces toman el nombre de la planta sobre la que se asientan: *C. salicinum, C. tilliae, C. pini*, etc.

Figura 6. Fumagina sobre melaza de mosca blanca en roble.

Las fumaginas viven alimentándose de las secreciones azucaradas de diversos insectos fitófagos, en especial pulgones y cochinillas, sin que el vegetal sea invadido, en ningún caso, por el hongo para su alimentación.

- **Oídios o "cenicillas".** Los oídios atacan a las plantas de modo obligado (parásitos estrictos), y causan sus daños con desarrollo externo, de modo que el micelio se encuentra sobre las partes atacadas (normalmente hojas) introduciendo haustorios a través de la piel, con lo que se alimentan del contenido celular de su huésped.

  Los ataques son muy fáciles de localizar y muy reconocibles, ya que desde el principio aparecen zonas blancas pulverulentas, que van creciendo, hasta cubrir todas las zonas sensibles, que acaban por morir.

  Dentro de las muchas especies que causan daños agrícolas, forestales y jardineros, citaremos *Uncinula necator*, que causa el oídio de la vid; *Erysiphe graminis*, en gramíneas (en especial cereales); *E. polygoni*, sobre leguminosas; *Spherotheca pannosa* en rosal y *Uncinula aceris*, *Uncinula clandestina* y *Microsphaera alphitoides*, en especies forestales.

- **Las royas.** Las royas son hongos de parasitismo obligado y, muchas veces, de ciclos muy complicados. Son hongos muy antiguos, conociéndose fósiles de hace más de trescientos millones de años, y son de las enfermedades más graves con las que se enfrenta la agricultura y el mundo forestal, con citas ya desde antes de Cristo tanto en la Biblia como en el mundo greco-romano, causando hambrunas y calamidades.

Figura 7. Oídio del arce.

Las royas atacan a las hojas principalmente, aunque hay casos de ataques a frutos, tallos y ramas, especialmente en el mundo forestal.

Las royas, a lo largo de su ciclo, que suele ser anual (aunque en algunas especies forestales se alarga a varios años), producen 5 tipos distintos de esporas, pasando por 4 fases, conocidas como 0, I, II y III. En algunas ocasiones puede obviarse alguna de ellas, siendo entonces una roya de "ciclo incompleto".

Normalmente el hongo pasa parte de su vida (fases 0, I y parte de III) en un huésped, y otra parte (fases II y parte de III) en otro, muchas veces muy diferente taxonómicamente del primero (pino y grosellero, trigo y agracejo, pino y chopo, *Allium* y chopo, etc.); en ese caso se dice que la roya es heteroica, que es lo más normal, si bien en algunos casos desarrolla todo un ciclo en una sola planta, llamándose entonces autoica. En algunos casos no se conocen todas las fases del hongo, como en *Puccinia striiformis*, del que solo conocemos las fases II y III sobre trigo.

Si bien, como se ha visto, la enfermedad puede localizarse según la época en una planta diferente, y con coloraciones varias, para cada especie de

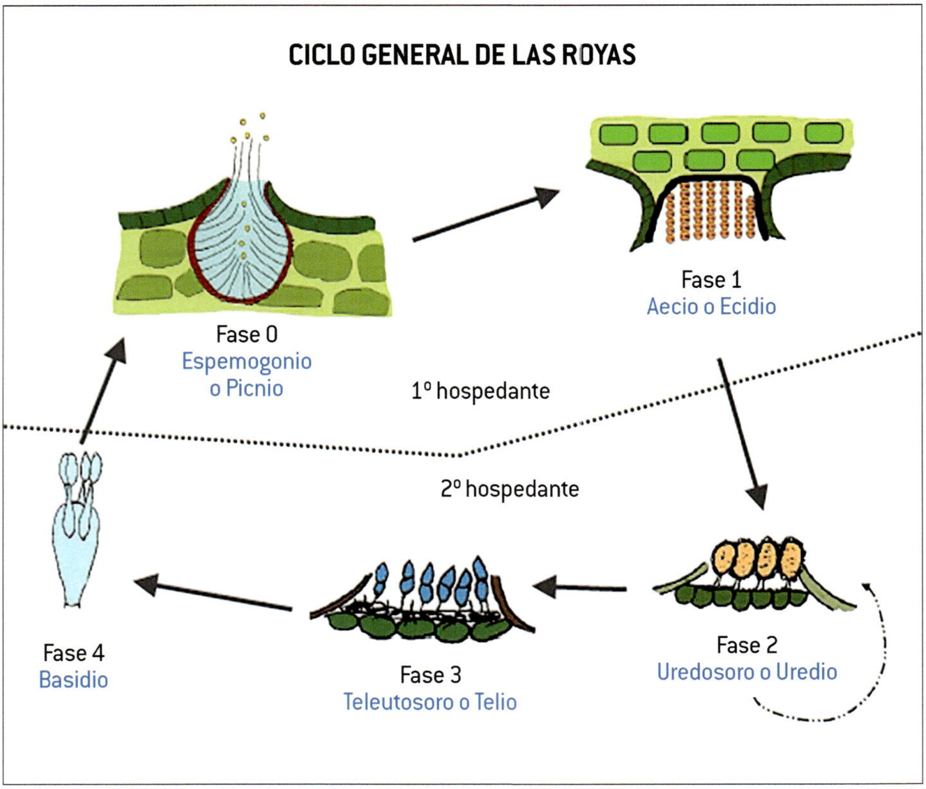

Figura 8. Ciclo de una roya.

roya las plantas atacadas son siempre las mismas o en un abanico muy reducido. El nombre "roya" les viene por su parecido (relativo) al óxido de hierro en las lesiones causadas al romperse la epidermis y aflorar los esporangios.

En la actualidad se conocen unas 5.000 royas, de las que destacaremos la roya de los cereales *Puccinia graminis*; la de la cebada *P. hordei*; la del chopo (y el *allium*), *Melapsora alli-populina*; la del pino y el chopo *Melapsora pinitorqua*, y la del boj *Puccinia buxi*, que solo se conoce su fase III y solo sobre boj.

Figura 9. Roya del boj.

- Las *thaphrinas*. Son hongos del género *Thaphrina* que producen daños y deformaciones en gran cantidad de especies agrícolas y forestales, atacando hojas, flores y frutos. Destacan las especies *Th. pruni* en ciruelo; *Th. cerasi* en cerezo; *Th. deformans* en frutales; *Th. aurea* en chopos; *Th. kruchii* en encinas (donde causa las conocidas escobas de bruja), etc. Los daños son pérdidas de cosecha y debilidad de las plantas, que normalmente no llegan a morir.
- Las roñas o moteados. Atacan a las hojas formando manchas oscuras diseminadas. Con posterioridad atacan el fruto, donde aparecen también manchas; estos dejan de crecer y toman aspecto corchoso. También atacan a ramillas, ramas y, en caso grave, a todo el árbol causando la muerte.

Figura 10. Escoba de brujas de encina.

Las principales especies son *Fusicladium pirinum*, que ataca a perales, y *Fusicladium dendriticum*, que ataca a manzanos.

- **Chancros.** Se llama chancro a una herida abierta, con pérdida de materia viva, que normalmente van acompañadas de gomosis o secreciones líquidas, marchitez y, en casos de máxima gravedad, muerte de ramas o de la planta en cuestión.

Figura 11. Chancro carbonoso sobre alcornoque.

Ya hemos visto, entre los *Oomycetos*, las *Phytophthoras*, que pueden producir chancros atacando desde la raíz.

Entre los hongos verdaderos, causan chancros aéreos (ramas, troncos) diversas especies, entre las que podemos destacar *Nectria galligena* en árboles de hoja caduca (en especial peral y manzano); *Cryphonectria parasitica*, en castaño; *Phomopsis amygdali* en almendro, etcétera.

- Los *damping-off*. Son daños que aparecen en viveros y semilleros causados por gran cantidad de hongos que impiden la germinación de las semillas, las destruyen nada más germinar (daños ocultos) o matan las plántulas una vez emergidas, con un daño mucho más visible. Los causan gran cantidad de hongos de los que por su importancia, y por aparecer en casi todas las ocasiones, citaremos los géneros *Fusarium* sp. y *Alternaria* sp.
- Las enfermedades vasculares. Se trata de hongos que se han especializado en vivir gran parte de su ciclo biológico en el interior de los vegetales, en la zona del xilema, impidiendo por tanto la circulación del agua y de la savia. A este efecto muchas veces suman la liberación de toxinas que agravan aún más la enfermedad. Entre las enfermedades más comunes destacan *Fusarium oxysporum* en plantas de huerta y *F. solani* en patata, que puede darse en campo pero también en almacén.

Entre las enfermedades vasculares de árboles destacaremos la grafiosis del olmo o "enfermedad holandesa del olmo", por ser este el primer país donde se describió.

La enfermedad está causada por *Ceratocystis ulmi*, pero fue descrito como *Graphium ulmi*, nombre que representa las manchas que deja sobre un corte transversal en una ramilla atacada, parecida a una escritura.

Figura 12. Olmo atacado por grafiosis no agresiva.

El hongo es un parásito facultativo, con facilidad para vivir en la madera muerta de los olmos, pero con dificultad para pasar de un anillo a otro en la madera viva, por lo que su gravedad, una vez vuelto patológico, no es en ningún caso extrema.

El hongo está perfectamente adaptado a ser transportado, en sus esporas, por escarabajos de la familia de los escolítidos, de modo que forman una perfecta conjunción, ya que el hongo debilita el árbol y así es sensible a los escolítidos, que lo transportan con posterioridad.

La situación ha cambiado radicalmente desde finales del siglo XX, en que aparecieron en EE. UU. e Irán dos "capas agresivas" del hongo, que tienen gran facilidad para invadir anillos contiguos en madera viva, y a la vez desprender gran cantidad de toxinas, por lo que los olmos murieron en masa, llegando a poner en peligro las especies más sensibles a esta nueva enfermedad. Recientemente, estas capas agresivas han sido descritas como una nueva especie, al no reproducirse con la original, como *Ophiostoma novo-ulmi*.

- **Hongos vasculares de raíz.** Además de las especies de *Oomycetes* y hongos verdaderos ya citados en el suelo, hay otros hongos que se han especializado en atacar raíces, entre los que destacan *Rosellinia necatrix*, que es capaz de matar a más de 150 especies diferentes de plantas, y especialmente *Armillaria mellea*, que mata con gran rapidez tanto coníferas como frondosas, árboles frutales, arbustos y matas.

Figura 13. Olmo muerto por grafiosis agresiva.

Armillaria es un hongo que produce setas comestibles (aunque indigestas), y es un parásito facultativo, pudiendo vivir perfectamente muchos años en materia muerta. Cuando adquiere carácter de enfermedad, los rizomorfos típicos de esta especie van infectando a las plantas próximas, causándoles rápidamente la muerte.

El síntoma más característico es la aparición de un micelio blanco algodonoso, bajo la corteza del cuello de la raíz (a veces sube hasta 2 metros) y, en otoño, la presencia de setas.

Figura 14. *Armillaria mellea.* Una vez vuelto patológico mata con rapidez los árboles atacados.

Es una enfermedad gravísima, y el resultado final suele ser la muerte.

En todos los casos de ataques vasculares, el síntoma típico es la marchitez de hojas, flacidez, pérdida de semilla y ramas, y finalmente muerte.

- **Otros hongos perjudiciales.** Además de los hongos fitopatógenos descritos hasta este momento, que atacan al vegetal causando enfermedades, hay otros hongos cuyos daños se centran en los productos ya cosechados con pudriciones muy importantes, como las causadas por *Penicillium expansum* en frutas de pepita refrigeradas y en almacén, que causa daños de consideración. Otros hongos de este grupo se engloban en los géneros *Botrytis*, *Alternaria*, *Rhizopus*, etc.

Fanerógamas

En algunas ocasiones son las plantas "superiores", es decir los componentes del reino vegetal, los que nos causan daños sobre otras plantas, causándonos por tanto las "enfermedades de origen vegetal" o "enfermedades causadas por fanerógamas".

Los daños de especies vegetales sobre otros vegetales pueden ser de muy diversa índole, conociéndose más de 2.500 casos de plantas que necesitan, o aprovechan, a otras plantas para vivir. Estos daños van desde un simple uso como soporte, con influencia a veces muy escasa sobre el hospedante (daños físicos, disminución de superficie fotosintética, etc.) hasta algunas que toman todo su alimento del vegetal parasitizado, llegando a causarles la muerte.

Entre las plantas que causan daños físicos, pero no son verdaderos parásitos, en el sentido de que no toman ninguna sustancia nutritiva de su vegetal soporte, destacan los ataques a arbolado causados por la hiedra (*Hedera helix*) y las leoniceras o madreselvas, que son diversas especies que pertenecen al género *Lonicera*.

Figura 15. Ataque de hiedra en jardín. Algunas veces, pese al daño que hace, se considera un elemento ornamental.

En los dos casos los tallos crecen enrollándose sobre las plantas atacadas, de modo que al aumentar la presión con el crecimiento de ambas, se dificulta la circulación de la savia, llegando a cortarse en sentido vertical, quedando el tronco y las ramas deformadas. Si el daño es severo, puede finalmente llegar a matar. A estos daños se une la disminución de función clorofílica del vegetal atacado, por competencia por el espacio y la luz.

Otras muchas plantas carecen también de capacidad para parasitar vegetales, pero ejercen una fuerte competencia por la luz, el espacio, el agua o los nutrientes, constituyendo el heterogéneo grupo de las "malas hierbas", que hay que contemplar desde una perspectiva exclusivamente humana, ya que la misma especie puede ser la planta deseada en un tipo de cultivo (grama en pradera natural) y una mala hierba en otro (cultivo de cereal). Esta competencia no daña directamente a la especie a proteger, pero puede llegar a desplazarla, o a casi anular su producción.

En el caso de que las plantas tomen su alimento de la planta huésped, nos encontramos con dos categorías: las hemiparásitas, que pueden realizar su función clorofílica propia pero toman de la planta parasitizada el agua y los nutrientes, y los parásitos estrictos que, siendo plantas superiores, han perdido su capacidad de realizar la fotosíntesis, por lo que han de tomar de su huésped los carbohidratos ya elaborados.

En el primer grupo, el de los hemiparásitos, destacan los muérdagos, que poseen clorofila, pero sus raíces no son terrestres ni aéreas sino que se desarrollan dentro de otros vegetales, con unos órganos especiales llamados haustorios, que toman de las plantas atacadas el agua y las sales minerales necesarias para su alimentación.

Las semillas de estas plantas suelen tener un recubrimiento pegajoso que se adhiere a las ramas o troncos de las plantas a atacar, una vez puestas en contacto con ellas, bien por liberación directa de las plantas madre como en los muérdagos enanos o bien con la colaboración de pájaros u otros animales, como en el muérdago normal.

La semilla germina y penetra en el huésped, iniciándose el ataque, que poco a poco va invadiendo la madera del árbol atacado, produciendo debilidad, muerte de ramas y, en caso severo, muerte del ejemplar.

En Europa son típicos los ataques de muérdago (*Viscum album*) en coníferas y frondosas, y del muérdago enano (*Arceuthobium* sp.) en coníferas, y principalmente sobre *Juniperus* sp.

Finalmente, las plantas parásitas estrictas son las que han perdido el poder fotosintético y, por tanto, necesitan tomar el alimento elaborado de las plantas

Figura 16. Muérdago.

atacadas a través de haustorios que hacen de raíz. No suelen tener hojas ni color verde, ya que han perdido la clorofila, que puede o no ser sustituida por otros pigmentos de diversa coloración (amarillos, rojos, etc.).

Entre estas destacan las cuscutas *(Cuscuta* sp.*)*, que causan graves daños a cultivos herbáceos y a gran cantidad de matorrales silvestres, siendo por tanto enfermedades importantes de carácter tanto agrícola como forestal.

Las cuscutas carecen de hojas (o a lo sumo tienen pequeñas escamas), y sus tallos son filamentosos, de modo que tras germinar la semilla en el suelo, los tallos primordiales nacen sin raíz, hasta que encuentran una planta susceptible de ser atacada, o bien están en latencia un corto espacio de tiempo y mueren.

Cuando las plantas huéspedes son atacadas, se forman gran cantidad de tallos filamentosos con haustorios, muriendo el que los unía con el suelo. La cuscuta puede pasar de planta a planta por contacto aéreo de sus tallos, formando masas compactas de plantas atacadas, que acaban por morir.

El tipo de ataque define los nombres comunes más usados para estos parásitos, que suelen denominarse "cabellos de Venus", "lazos del diablo", "barbas de capuchino"..., haciendo referencia a lo filamentoso de su aspecto final.

Las orobancas son plantas parásitas de diversos géneros *(Orobanche, Cerotocalyx, Lathraea*, etc.*)* también sin clorofila, y que atacan a sus huéspedes desde

Figura 17. Cuscuta.

la raíz, de modo que tras germinar las semillas en el suelo producen una raicilla que se orienta hacia las raíces de su futuro huésped. Una vez localizada esta, entra en contacto con ella, y a través de un haustorio se introduce en su interior, tomando desde ese momento las sustancias alimenticias necesarias para su posterior desarrollo.

La planta emerge del suelo desde la raíz parasitada, pero de modo independiente a la planta huésped. Suele ser una planta anual, sin hojas o con hojas escamiformes, y con flores, que producen las semillas, que pueden aguantar hasta 10 años en el suelo para iniciar su germinación.

De las más dañinas de este grupo es el jopo del girasol *Orobanche cernua*, conocida en España desde el siglo XVIII, así como el jopo de las judías *O. crenata,* que ataca a las leguminosas.

En todos los casos de fanerógamas parásitas, la sintomatología es: decaimiento, pérdida de vigor en plantas leñosas, muerte de ramillas y ramas, y en los casos más graves, muerte.

La identificación es evidente, al tratarse de plantas fanerógamas de fácil diferenciación, salvo en el caso de ataques incipientes que, por su escasa gravedad inicial, pasan al principio desapercibidas.

1.1.3. Definición de bacteria. Enfermedades producidas por bacterias. Sintomatología e identificación

Las bacterias son células vivas sin núcleo diferenciado (llamadas procariotas), que poseen un único cromosoma de ADN no separado del resto de la célula (citoplasma), sin ninguna membrana que le independice de él.

Las bacterias son de tamaño diminuto, de 0,1 a 20 micras, y su reproducción es siempre asexual, normalmente por simple partición.

En la actualidad, las bacterias en sentido clásico se dividen en dos grupos: las *eubacterias*, o bacterias verdaderas, que poseen una membrana rígida como pared celular, que hace que tengan una forma definida; y los *mollicutes*, que no tienen pared rígida ni, por tanto, forma definida.

La sistemática es complicadísima y los patrones tradicionales de la taxonomía clásica son difícilmente utilizables, por lo que el número de especies varía mucho según los investigadores, ya que algunos consideran especies diferentes a las que causan ataques en plantas diferentes, y no son intercambiables, mientras otros hablan solo de "biovares" o "patovares" de especies bacterianas mucho más amplias (normalmente se aceptan unas 1.600 especies, de entre ellas de 300 a 60 especies fitopatógenas, según el criterio).

La diferenciación específica actual se basa no solo en las formas y tamaños sino que también incluyen pruebas bioquímicas que exigen alta tecnología, y queda por tanto reservada a especialistas llamados bacteriólogos.

El nombre bacteria significa "pequeño bastón" y se debe a la forma de las primeras que fueron observadas, ya que pese a su pequeño tamaño pueden ser vistas con el microscopio óptico, aunque se necesita gran aumento para ello.

Con posterioridad se han ido descubriendo bacterias con otras formas, así como agrupaciones más o menos estables de ellas, utilizándose lo uno y lo otro para separarlas en diversos grupos morfológicos, útiles para su clasificación.

Todas las bacterias son heterótrofas, es decir, no pueden sintetizar su propia materia orgánica y, por tanto, como en el caso de los hongos, pueden ser saprofitas, parásitas o simbiontes. Las parásitas pueden atacar animales o plantas, siendo en este caso el reino animal más propenso a sus ataques.

Los síntomas de ataque de bacterias son prácticamente los mismos que los de los hongos: manchas en hojas y frutos; zonas cloróticas, sin crecimiento, o con aspecto corchoso; marchitamientos; chancros secos o húmedos; podredumbres húmedas; tumores; deformaciones, etc.

Entre las principales enfermedades bacterianas, podemos citar:

- *Agrobacterium:* bacterias de 1 a 4 micras, el principal es el tumor de cuello y raíz causado por *Agrobacterium tumefaciens*.

  El ataque se inicia desde el suelo por heridas en la planta, pudiendo permanecer en el suelo muchos años hasta que la situación le sea favorable.

  El agua de lluvia o riego, algunos insectos y nematodos, y los desplazamientos de tierra o trozos vegetales, son los canales más normales para su diseminación.

  El síntoma típico son los tumores que aparecen en el cuello, raíz o incluso en ramas y ramillas de las plantas atacadas, y que pueden medir desde algunos milímetros hasta más de 30 centímetros.

  Ataca a gran cantidad de plantas diferentes (unas 250 especies), y causa grandes daños por debilidad de los individuos atacados, aunque no suele producir la muerte.

- *Erwinia:* es un género que incluye muchas enfermedades, algunas de gravedad extrema. Son bacterias de 1 a 3 micras y son las únicas bacterias fitopatológicas que pueden, optativamente, pasar por fases anaerobias (vida sin aire).

Figura 18. Tumor bacteriano en raíz.

La principal enfermedad de este género es el "fuego bacteriano de las rosáceas" causado por *Erwinia amylovora*, solo recientemente encontrada en España pero que causa gravísimos daños en otros países europeos, americanos, africanos y en Nueva Zelanda.

La bacteria inicia su ataque por orificios naturales (nectarios, lenticelas, etc.) o por heridas, y los primeros síntomas se suelen observar en las flores, que se marchitan y ennegrecen sin caer; de estas pasa a las hojas, que rápidamente mueren, quedando en la planta como quemadas, de donde viene el nombre de la enfermedad. A continuación la bacteria puede atacar ramas, tronco e incluso raíz, causando la muerte de la planta muchas veces en una sola estación.

La infección se produce por el agua, el viento, insectos, nematodos, pájaros, material vegetal, etc. y es rapidísima, lo que aumenta el peligro de la enfermedad.

Ataca gran cantidad de rosáceas (no al género *Rosa*), destacando sus daños en peral y manzano, y en jardinería y forestal sobre *Sorbus*, *Cydonia*, *Cotoneaster*, etc.

- ***Pseudomonas:*** son también bacterias con forma de bastoncillos, viviendo algunas de ellas (lógicamente no fitopatógenas) en el agua de mar.

  La más importante es *P. syringae*, que tiene muchas variedades, según las plantas atacadas, siendo la más dañina la que afecta al peral. Produce manchas en las hojas, que se deforman y secan, y con posterioridad en flores que también se secan, así como los frutos. Es relativamente parecida al fuego bacteriano, pero la enfermedad es más lenta y sus resultados no suelen ser tan fatales.

  Otras variedades atacan a manzano, cerezo, melocotonero, etc., siempre con síntomas similares a los citados para el peral.

  El agua de riego o lluvia, el viento que forma con ellos "aerosoles" contaminados y, en especial, la poda y la transmisión por material vegetal, son los principales medios de propagación de la enfermedad.

- ***P. savastanoi:*** ataca al olivo, fresno y adelfa (otras variedades a la judía), produciendo unos tumores característicos (tuberculosis) en ramillas y ramas, que no son de alta gravedad, pero poco a poco debilitan a la planta y la hacen perder producción. La bacteria se transmite por las heridas, de modo aéreo, bien por causas naturales (granizo, desgarros, etc.) como por el hombre (poda, vareo, etc.).

  Las bacterias, como los hongos, además del daño directo de alimentación pueden causar daños físicos, como costras, taponamientos, etc. cuando se encuentran asociadas en gran número; y también desprenden distintas sustancias tóxicas para las plantas, como toxinas y enzimas, muchas veces causantes de los principales síntomas de las enfermedades, aunque también algunas producen antibióticos, de uso farmacéutico.

Figura 19. Tuberculosis del olivo.

Por último, existen bacterias, como el género *Rhizobium* que infectan a las leguminosas, pero su acción no es patológica sino simbionte, ya que los nódulos que se forman en las raíces fijan gran cantidad de nitrógeno en forma utilizable por la planta.

La otra gran clase separada de las bacterias son los *Mollicutes* (de *molli:* suave y *cute:* pared) que tienen pared celular no rígida, lo que las confiere propiedades muy distintas a las bacterias, ya que al no tener forma definida pasan los filtros de bacterias (por lo que al principio se confundieron con virus) y son sensibles a pocos antibióticos, por lo que su control es más difícil.

A los *Mollicutes* fitopatógenos se les agrupa como fitoplasmas (muy parecidos a los micoplasmas del hombre y animales), y es un grupo aún en investigación, aunque se sabe que al menos 75 enfermedades (de más de 100 géneros vegetales) que antes se achacaban a virus, están en realidad causadas por *Mollicutes* del grupo de los fitoplasmas.

Los *Mollicutes* se transmiten planta a planta por medio de insectos fitófagos, especialmente chupadores como pulgones, otros homópteros, que ya veremos, y posiblemente también por ácaros.

1.1.4. Definición de virus. Enfermedades producidas por virus. Sintomatología e identificación

Los virus representan el eslabón más simple de la vida, junto con los viroides y priones (descritos con posterioridad). De hecho, muchos investigadores dudan que puedan considerarse como seres vivos, ya que necesitan siempre parasitar una célula viva para poder existir.

Su reproducción es única en la naturaleza, ya que no poseen ningún sistema de reproducción, ni por partición ni por gemación, esporulación, etc., propagándose porque obligan a las células infectadas a producir otros virus iguales a los infectantes.

Dado que además no son células ni constan de ellas, y a que pueden cristalizar, su inclusión sin más como seres vivos no es tan sencilla como parece. Modernamente se les considera una información nueva, capaz de superar la información celular normal de la célula sana.

El tamaño de los virus es diminuto, no pudiendo ser vistos por el microscopio óptico, por lo que su descubrimiento es relativamente reciente. La primera enfermedad vírica reconocida es el mosaico del tulipán, muy cotizado en los siglos XVI y XVII en Europa del Norte, durante la "tulipomanía", período en el que se llegó a pagar auténticas fortunas por plantas atacadas (de gran belleza) que se reproducían por injertos.

Los virus pasan los filtros bacterianos, por lo que al principio se les consideró como toxinas producidas por bacterias. Beijerick, en 1898, llegó a la conclusión de que eran seres distintos, denominándolos *contagiun vivun fluidum* o virus, como se han seguido denominando hasta la actualidad.

Con posterioridad se ha demostrado que los virus son una cadena de un ácido ARN o ADN (solo uno de ellos) y una proteína que lo rodea.

Los virus vegetales son casi siempre de ARN, ya que solo se conocen tres de ADN: el mosaico de la dalia, de la coliflor y el anillado del clavel, todos ellos poco importantes.

Los virus solo son observables con el microscopio electrónico, y sus síntomas son muy parecidos a los de otras enfermedades, lo que complica su identificación. Rara vez matan y los síntomas más frecuentes son clorosis, enanismos, manchas foliares, necrosis, anormalidades del crecimiento, floración y fructificación, etc. Los virus no tienen cura conocida ni química ni biológica. En algún caso, como el citado del tulipán, los ataques víricos pueden ser usados en jardinería, por su belleza, aunque siempre representan debilidad para la especie que los soporta.

Se conocen más de 1.000 virus, de los que más de la mitad son fitopatógenos (los demás atacan al hombre, animales, hongos, bacterias, *mollicutes*, etc., ya que siempre han de estar sobre otro ser vivo).

Figura 20. Mosaico.

La transmisión suele ser por material vegetal infectado o por vectores como los insectos, especialmente del grupo de los pulgones, pero se conocen casos de contagio por nematodos, cuscutas, hongos e incluso por polen y por el simple contacto de la mano del hombre. Solo quedan libres de los ataques las semillas (no siempre) y los ápices caulinares, por lo que este es el método apropiado de reproducción y comercio vegetal, si se quiere garantizar que las plantas están libres de virus.

Los virus llegan a "copar" el 80 % de las proteínas de las células atacadas, llegando a 60.000.000 de individuos en una sola célula, por su gran poder de replicación.

Principales enfermedades causadas por virus

En la actualidad hay más de 700 enfermedades vegetales causadas por virus, entre las que destacaremos los mosaicos (del tabaco, de los cítricos, del manzano, etc.), las manchas anulares (manzano, cerezo, etc.) y enanismo (arándano, frambueso, vid, melocotonero, etc.).

Es de destacar el ataque vírico conocido como "tristeza de los cítricos" que ataca sobre todo al naranjo, especialmente cuando es injertado, y también a la lima y otras especies. La “tristeza” es de los pocos virus que matan a los árboles atacados y, aunque depende de las variedades, pueden acabar incluso con plantaciones enteras en una sola estación. Las plantas atacadas secan sus hojas, con un marchitamiento repentino, y aunque algunas ramillas pueden recuperarse parcialmente, si la variedad es sensible acaban por morir. La enfermedad se transmite por injerto y por insectos vectores, por lo que son los dos campos en los que se debe basar su posible control.

Las plantas ya atacadas, como en todos los virus, no tienen cura y deben ser destruidas para eliminar el posible foco de inóculo.

Algunas enfermedades con teórico origen viral, no se comportan como tales al ser analizadas en profundidad. En 1971, y sobre la “enfermedad fusiforme de la patata” se descubrió un ataque de seres mucho menores que los virus pero con poder infeccioso, que fueron denominados *viroides*, y que constan solo de moléculas de ARN desnudas, con un volumen unas 10 veces menor que los virus. Como ejemplo, el *viroide* de la enfermedad citada tiene 359 nucleótidos, mientras que el virus del mosaico del tabaco posee 6.000.

Los *viroides* se encuentran en los núcleos de las células atacadas y aún no se sabe cómo se replican, ya que no son ARN mensajero, que es el encargado de la autorreplicación.

Además de la patata, se han encontrado ataques en cítricos, manzanos, vid, peral, aguacate, tomate..., siendo un grupo actualmente en investigación.

Los contagios son por material vegetal infectado, si bien en algunos casos, como el tomate, parece que pueden intervenir insectos transmisores.

Finalmente, la máxima simplicidad biológica patológica conocida hasta ahora la representan los *priones*, descubiertos en 1982, y que son solo partículas proteicas no asociadas a ningún ácido nucleico, por lo que aún no se sabe cómo se reproducen. No se conocen *priones* fitopatógenos, pero sí causantes de graves enfermedades animales y humanas, como la encefalopatía espongiforme, más conocida como la “enfermedad de las vacas locas”.

1.2. Características generales sobre plagas

1.2.1. Concepto de plaga

Podemos definir plaga como una situación explosional en la población de una o más especies animales que nos causan daños o pérdidas en bienes vegetales de interés humano.

Por tanto, las plagas las causan especies del reino *Animalia*, ya que cualquier interferencia en los vegetales causada por organismos de los otros cuatro reinos, o con origen abiótico son, como hemos visto, enfermedades.

Para que haya una plaga hacen falta tres factores: que una población animal se dispare en su número, que viva parte o toda su vida a expensas de algún vegetal, y que este tenga algún interés humano. Hay que pensar que el concepto plaga va unido a los de "pérdida" o "daño", ya que si no, estamos ante una pululación de insectos, que si no es dañina en algún aspecto, no necesita control no natural.

La presencia de insectos u otros organismos sobre un vegetal, no solo no es en sí negativa, sino que debe ser considerada como un bien intrínseco de la naturaleza, al aumentar la biodiversidad. Solo en los casos de grandes pululaciones de individuos, que nos causen daños, y en el de especies introducidas en ecosistemas en los que no son autóctonas y pueden causar desequilibrios, podemos hablar de plagas y, por tanto, pensar en su control.

Un caso especial es cuando además de a los vegetales, la especie puede causar daños más o menos graves al hombre (urticarias, reacciones alérgicas, picaduras, envenenamientos, etc.), en cuyo caso además de a la sanidad vegetal afecta a la sanidad humana y la tolerancia debe ser cero.

1.2.2. Plagas producidas por animales vertebrados

De los cinco grupos de vertebrados, cuatro de ellos: peces, reptiles, aves y mamíferos, pueden causar daños a la vegetación, si bien su importancia es casi siempre pequeña y, por supuesto, depende de cada grupo y de las circunstancias de cada ataque.

Los daños suelen ser fácilmente localizables, casi siempre externos y de destrucción física de las partes vegetales, bien por alimentación directa, bien por construcción de refugios, acopio de materiales, etc.

En el caso de los peces, suelen ser más beneficiosos que perjudiciales, de modo que en algunas economías agrarias de Asia tienen una importancia capital como fuente de proteínas, aprovechando las zonas inundadas agrícolas o las balsas con utilidad para riego. No obstante, algunas veces pueden producir daños directos por su alimentación, por supuesto solo en medios acuáticos como los arrozales.

Los daños de reptiles también son esporádicos y casi siempre anecdóticos, como algunos daños causados por lagartos a las uvas maduras u otras frutas, o especies exóticas que igualmente pueden comer frutos u otros productos vegetales.

Algunas aves sí que causan pérdidas de modo generalizado; grandes bandadas de ellas, como los gorriones, córvidos, palomas, cotorra argentina ya plenamente introducida en España, etc., pueden hacer daños graves tanto en las sementeras como en la vegetación, cosecha y recolección.

Otras veces los daños no son tan claros y se entremezclan con evidentes beneficios, como es el caso de muchos de los paseriformes que se alimentan de semillas o grano, causando daños agrícolas, pero que para criar a sus polluelos consumen gran cantidad de insectos, con un efecto benéfico difícil de evaluar.

Este mismo dilema se presenta con los pájaros carpinteros, como el pito real (*Picus vididis*) que hace daños físicos por la construcción de galerías en la madera para nidificar y cazar larvas de insectos, pero que a la vez, por este último efecto, destruye gran cantidad de plagas del arbolado sobre el que hace el teórico daño.

Figura 21. Daño del pájaro carpintero.

En el caso de los mamíferos, son muchísimas las especies salvajes y domésticas que se alimentan en exclusiva o preferentemente de la vegetación y, por tanto, susceptibles de hacer daños de carácter agrícola o forestal.

Los ataques de grandes fitófagos a las plantaciones próximas a sus hábitats naturales llegan a ser catastróficos en algunos lugares del mundo, como África y Asia, e incluso pueden convertirse en un factor limitante a la expansión agrícola y forestal.

En España, y en general en Europa y Norteamérica, los daños no suelen ser tan graves, entre otras razones por el control histórico de las poblaciones salvajes. Solo esporádicamente las grandes piezas de caza como el ciervo *(Cervus elaphus)*, el gamo *(Dama dama)*, el corzo *(Capreolus capreolus)*, la cabra montés *(Capra pyrenaica)* o los introducidos arruí *(Ammotragus lervia)* y muflón *(Ovis musimon)* pueden causar algunos daños agrícolas, siendo mayores y más grandes los daños forestales, en este caso casi siempre por mala gestión. Normalmente los beneficios que reporta la caza superan con creces los daños causados.

El problema del jabalí *(Sus scrofa)* es más grave, ya que a su mayor abundancia une un alto poder de reproducción y una alimentación oportunista, con extensas zonas dañadas por sus hozaduras que destruyen toda la vegetación asentada, haciéndole mucho más dañino que el resto de las especies citadas.

Figura 22. Ciervos.

Los posibles daños causados por grandes fitófagos domésticos (caballo, ganado vacuno, oveja, cabra, cerdo, etc.) son muy similares a los citados para la caza y siempre fruto de una mala gestión por el dueño o pastor.

Entre los mamíferos de pequeño tamaño (micromamíferos) destacan los daños de ratones de campo y, una vez en almacén, los de ratones domésticos y ratas.

Entre los ratones de campo *(Apodemus sylvaticus)* y topillos, destacan el topillo campesino *(Microtus arvalis)*, el topillo de montaña *(Microtus agrestis)*, el topillo mediterráneo *(Microtus duodecimcostatus)* y la rata ciega *(Microtus lusitanicus)*. Todos ellos, así como la rata de agua *(Arvicola sapidus)*, el conejo *(Oryctolagus conmunis)* y la liebre *(Lepus europaeus)* causan destrozos tanto en diversos cultivos herbáceos como leñosos, descortezando zonas, anillando los troncos y atacando el cuello de la raíz, llegando a causar la muerte.

Daños catastróficos, como los causados a la selva nativa de Sudamérica por la introducción del castor, son afortunadamente desconocidos en España.

Los daños, como destrucción de raíces o de pequeñas zonas de praderas causados por los topos, son sin duda muy inferiores a los grandes beneficios que producen estos animales, que no son herbívoros sino insectívoros, lo que demuestra la falsedad de una "mala prensa" en el mundo agrario, posiblemente por confundirlos con los daños citados de los roedores.

Figura 23. Daño de topo en césped de calidad (campo de golf).

En el caso de masas forestales, puede tener alguna influencia la destrucción de piñas, brotes y yemas por ardillas *(Sciurus vulgaris)*.

1.2.3. Plagas producidas por artrópodos (insectos, ácaros, miriápodos)

Los artrópodos se caracterizan por tener el cuerpo y las patas formadas por partes duras, y unidas por articulaciones. De aquí su nombre, que quiere decir literalmente "patas articuladas".

La necesidad de estas articulaciones proviene de que el cuerpo está cubierto por una cutícula dura y no flexible, en la que siempre interviene la quitina (que ya vimos en los hongos), y que impediría cualquier movimiento de no existir articulación. Esta cutícula, además de impedir el movimiento, impide el crecimiento, al no ser flexible, por lo que estos animales han de "cambiar de piel" para ir creciendo, dando pie al efecto llamado muda.

Dentro de los artrópodos, nos pueden causar daños a vegetales, los miriápodos y, mucho más graves y comunes, los ácaros (arácnidos) y especialmente los insectos.

Los miriápodos

Los miriápodos son animales formados por cabeza y un número variable de anillos, y en cada uno de ellos pueden tener un par de patas ("ciempiés") o dos pares ("milpiés"). En realidad rara vez llegan al centenar de patas y nunca al millar (el máximo conocido es 750 patas), aunque su nombre proviene del griego "diez mil pies". Tienen además en la cabeza un par de antenas y dos ojos, y pueden tener estructuras como pinzas venenosas (escolopendra), pero nunca alas.

Existen más de 15.000 especies, con todo tipo de alimentación, si bien todos son terrestres, con respiración traqueal y con boca masticadora. Muchos de ellos son predadores (con elementos de captura especializados), algunos fitófagos, y otros muchos detritívoros.

Figura 24. Milpiés.

Se reproducen por huevos, tras fecundar los machos a las hembras, y en algunos casos se da la partenogénesis, o reproducción solo por hembras, sin necesidad de macho.

Estos artrópodos normalmente tienen vida nocturna, permaneciendo escondidos en zonas más o menos húmedas durante el día, con el cuerpo formando una espiral. Normalmente atacan a plantas bulbosas y tuberosas, destacando *Scutigenella inmaculata*, que causa daños de cierta consideración en las raíces de algunas plantas agrícolas y de invernadero, (y de jardín), atacando también a la remolacha, tubérculos, etc., si bien puede alimentarse, en otras ocasiones, de restos animales y vegetales. Es una especie pequeña, de 5 a 9 mm cuando llega a adulto, de color blanquecino y antenas visibles como de un tercio de la longitud total del cuerpo. Posee 12 pares de patas y cercos anales.

Otra especie dañina es *Blaniulus guttulatus,* de tamaño algo mayor (8-20 mm) y que causa los mismos daños. Este miriápodo es blanco, con puntos laterales rojos y ocráceos y con 50 segmentos con 2 pares de patas en cada uno. No tiene ojos, pero la piel tiene una cierta fotosensibilidad, volviéndose activa ante la luz.

Los ácaros

Son artrópodos de la clase *Arachnida* (arañas) con el cuerpo dividido en dos partes llamadas cefalotórax y abdomen, y poseen 4 pares de patas, salvo que algunas falten por atrofia, quedando entonces dos pares. No tienen antenas ni alas y el aparato bucal está adaptado para picar y succionar.

Muchas especies producen sedas, a veces de gran espesor. Los hay fitófagos, entomófagos, parásitos de animales y hombre, detritívoros, etc. Se conocen más de 40.000 especies, representando casi la mitad de los arácnidos descritos hasta la actualidad.

Su nombre viene del griego "diminuto", ya que su tamaño suele ser muy pequeño (a veces casi imposibles de ver sin lupa) aunque algunas especies, como las garrapatas, llegan a más de un centímetro de diámetro.

Entre los principales ácaros fitófagos destacaremos las siguientes familias y especies:

Erinosis: pertenecen a la familia de los *Eriophyidae,* que es una importantísima familia de ácaros fitófagos, con unas 4.000 especies descritas, aunque posiblemente existan muchas más. Se diferencian porque los adultos no son prácticamente visibles a simple vista, y a la lupa o el microscopio presentan solo dos pares de patas, por atrofia de los otros dos.

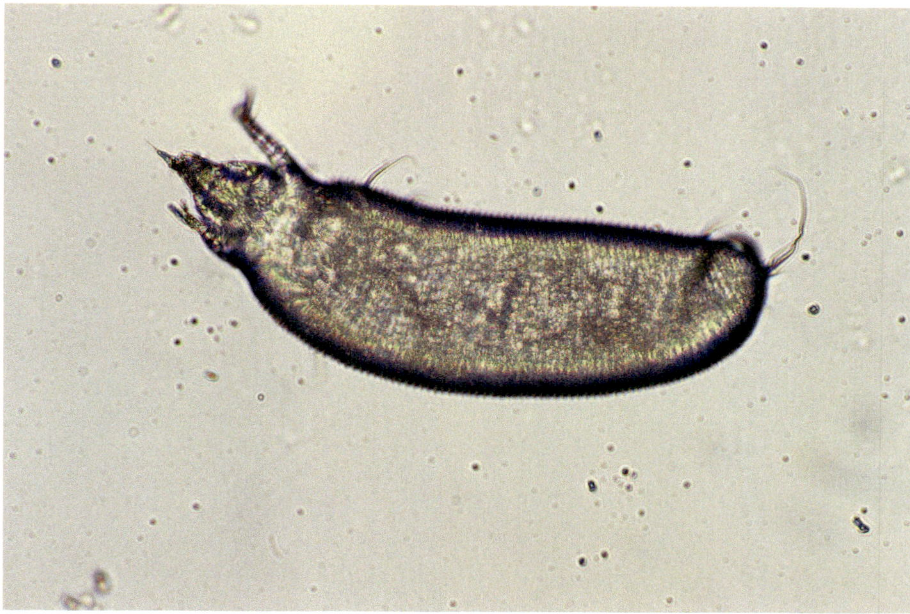

Figura 25. *Eriophidae.*

Sus daños suelen ser la aparición de agallas en las hojas, por cuya forma se suelen poder identificar, causando daños muchas veces de gravedad. Entre las principales especies de la familia citaremos:

- Erinosis del peral (*Eriophyes pyri*): ataca a las hojas de este (y algunas veces las del manzano) formando pequeñas agallas, verdes al principio y negras al final, que pueden llegar a causar importantes deformaciones. En ataques muy fuertes puede afectar también al fruto, que cae antes de madurar. Los daños son típicos y, aunque un profano podría confundirlos con daños de hongos, un análisis más cuidadoso nos muestra las agallas, definitorias de este grupo de ácaros.

  Los adultos pasan el invierno refugiados en las yemas e inician sus ataques en primavera, teniendo 2 o 3 generaciones, según el clima y la estación.

- Erinosis de la vid (*Eriophyes vitis*): de mucha menor importancia, es común en los viñedos españoles, donde aparecen manchas rojizas en el envés de las hojas, que se notan también por el haz, con abultamientos que permanecen verdes. La defoliación suele ser escasa, por lo que los daños casi siempre son despreciables.

  Por último, dentro de esta importante familia, citaremos *Acerya sheldoni* conocido como "el ácaro de las maravillas", porque a causa de sus ataques, los limones se deforman tomando formas de lo más diversas, lo que los hace

Figura 26. Erinosis de la vid (Fotos J. Ignacio Cadahía).

inútiles para el mercado. Ataca también a la flor y a las hojas, pero en estos casos sus daños son muy inferiores y suelen pasar desapercibidos.

Algunos eriófidos pueden ser transmisores de virus, si bien su efectividad es muy inferior a la de los insectos.

Arañuelos: pertenecen a la familia *Tetranychidae*, que es una de las familias más dañinas desde el punto de vista vegetal, destacando las siguientes especies:

- Araña roja *(Tetranychus telarius):* ácaro de tamaño diminuto, casi invisible a simple vista (0,5 mm). Este arácnido teje sedas en el envés de las hojas, lo que unido a su color, le da el nombre vulgar de "araña roja".

  La araña roja ataca gran cantidad de cultivos herbáceos (judías, patatas, fresas, alfalfa, etc.), arbóreos (frutales) y ornamentales (clavel, rosal, etc.), siendo más de 100 las plantas sobre las que se ha citado.

  El ácaro inverna en estado adulto, refugiado en árboles y arbustos, atacando en primavera a las hojas de las plantas sensibles, que llegan a morir con gran rapidez, sobre todo en veranos secos y calurosos. Puede llegar a tener una generación completa cada 15 días, por lo que su reproducción es rapidísima y los cultivos pasan de estar casi libres de plaga a estar arrasados en pocos meses, si las condiciones le son favorables.

Figura 27. Araña roja.

- Araña amarilla *(Tetranychus urticae)*: muy parecido al anterior, aunque algo más pequeño (0,4 mm), ataca también gran cantidad de plantas, tanto agrícolas como forestales causando los mismos daños. Por su coloración, también es conocido como araña roja, si bien las primeras generaciones son más bien amarillentas, por lo que casi siempre (sobre todo en viña) se la conoce como "araña amarilla".

  Finalmente citar que los ácaros representan de un 15 % a un 20 % de las plagas de artrópodos conocidas, pero también que hay familias útiles para la lucha biológica contra otros ácaros e insectos.

Los insectos

Los insectos representan la máxima adaptación al medio dentro de los artrópodos, y no es exagerado decir que son el grupo más exitoso de todos los organismos vivos, ya que la mitad de las especies vivas conocidas actualmente son insectos, y si hablamos del reino animal, el porcentaje es de las tres cuartas partes. Se conocen más de un millón de especies de esta clase, y es posible que existan unas diez veces más. De ellos, unos 10.000 han causado alguna vez daños, y al menos 600 causan daños con asiduidad, y han necesitado algún tipo de control.

El éxito de los insectos se debe a su pequeño tamaño, su gran poder de reproducción con ciclos muy cortos y, en los más evolucionados y abundantes, a su forma de crecimiento y neta separación de sus fases alimenticias y reproductoras.

Los insectos tienen siempre de adultos tres pares de patas (salvo aborto de algunos de ellos), y el cuerpo dividido en tres regiones: cabeza, tórax y abdomen. Excepto los órdenes más primitivos, los insectos son los únicos invertebrados que poseen alas, en su estado adulto. Normalmente poseen 2 pares, siempre en el tórax, aunque por aborto de uno de ellos pueden tener un solo par.

En la cabeza poseen un par de antenas; los ojos, que pueden ser compuestos o simples (ocelos) o de los dos tipos, y todo el aparato alimenticio ("boca"). En el abdomen poseen muchas veces apéndices llamados cercos y, siempre, el aparato reproductor.

La reproducción de los insectos suele ser ovípara, si bien en algunos casos los inmaduros nacen vivos, en un proceso que se llama ovoviviparidad. Lo normal es que la reproducción sea sexual, fecundando los machos a las hembras interna o externamente, pero hay muchos casos de partenogénesis, es decir reproducción de las hembras sin necesidad de macho, que pueden producir solo hembras (telitoquia), solo machos (arrenotoquia) o machos y hembras (anfitoquia).

Este comportamiento puede ser obligado (incluso hay especies en que no se conoce al macho), cíclico, esporádico o facultativo.

Los insectos poseen también casos de pedogénesis (reproducción en fases inmaduras) y de poliembrionía (nacimiento de más de un individuo de cada huevo).

Los insectos tienen dos tipos de desarrollo. Por un lado están los que desde que nacen hasta que alcanzan el estado adulto (que es el único alado y generalmente el reproductivo) son de forma y comportamiento muy parecidos, apareciendo las alas en su último estado, desarrollándose de modo externo. Otros pasan por una fase alimentaria (larvas), luego por una fase de quietud donde hay una importante transformación (ninfa) y al final aparece el adulto alado, muchas veces muy diferente de los inmaduros. En el primer caso se dice que tienen metamorfosis simple, y en el segundo, metamorfosis complicada, que representa el 80 % del total.

Según los entomólogos, los insectos se agrupan de 23 a más de 30 órdenes diferentes, de las que tienen importancia fitopatológica los siguientes:

Grillos y saltamontes: pertenecen al orden *Orthoptera*; orden amplio con más de 20.000 especies conocidas. Son insectos de diferente tamaño, de medianos a grandes, con boca masticadora y metamorfosis simple. Tienen el primer par de

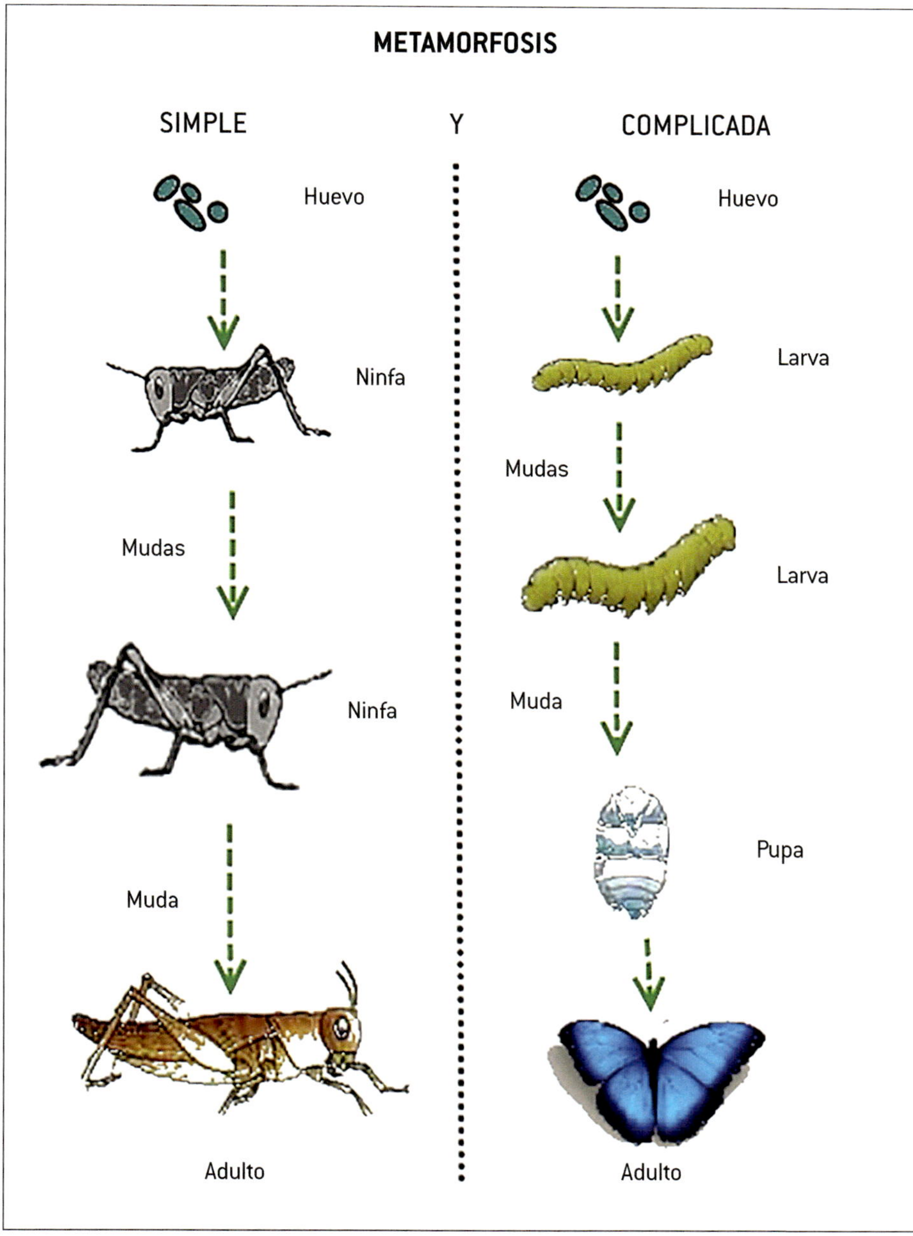

Figura 28. Tipos de desarrollo de los insectos.

alas endurecido (élitros). Normalmente vuelan con el segundo par de alas, que en algunas ocasiones pueden faltar o estar más o menos atrofiado.

Pueden tener el tercer par de patas modificado, adaptado para el salto, como los saltamontes y langostas, o bien el que se modifica es el primero, adaptado para cavar (grillo-topo). Muchas veces poseen órganos estriduladores, que hacen sonidos característicos, como los grillos.

Figura 29. Representación de una plaga de langosta en un templo del antiguo Egipto.

En este orden se encuentra la plaga más famosa y de las más dañinas del mundo: la langosta (*Dociostaurus maroccanus*, *Schistocerca gregaria* y otras especies según la región del planeta) que devasta campos y cosechas de modo periódico, con millones de individuos que se mueven de forma gregaria y migratoria, casi desapareciendo con posterioridad.

Otros ortópteros que pueden causar daños, de mucha menos consideración son los grillo-topos o alacranes cebolleros *(Gryllotalpa gryllotalpa),* que causan daños a veces graves en plantas de huerta, praderas, etc. tanto por su alimentación directa (que muchas veces completa con otros insectos, lombrices e incluso canibalismo), como por las largas galerías que realiza, cortando a su paso las raíces.

Los grillos, cigarras y saltamontes también pertenecen a este orden y pueden causar daños, normalmente poco importantes.

Trips: pertenecen al orden *Thysanoptera,* que comprende unas 6.000 especies, todas con boca chupadora-picadora y de tamaño pequeño y metamorfosis simple.

Deben su nombre al griego *tysanos* que quiere decir "flecos", ya que sus alas, membranosas, están rodeadas de ellos, no siendo buenos voladores, aunque son arrastrados con suma facilidad por el viento.

Las especies fitófagas succionan los jugos vegetales de las células internas de las plantas, especialmente flores y hojas, que van tomando una coloración plateada, que pasa con posterioridad a parda una vez necrosada la zona de picadura.

Además de los daños directos, los *trips* son transmisores de virus (como el del tomate) y también colaboran a la transmisión de bacterias y hongos.

Entre las especies más dañinas se encuentra *Thrips tabaci*, que ataca las flores y hojas de gran cantidad de especies de huerta y ornamentales y que, si la población es muy alta, pueden llegar a matar las plantas.

Figura 30. *Trips* en calabacín (Foto de J. Ignacio Cadahía).

Normalmente, cuando la población es baja, dado su color poco llamativo (amarillento) y su pequeño tamaño (menos de 1 mm) suelen pasar desapercibidos, pero su gran poder de reproducción, y la posibilidad de tener muchas generaciones al año, hace que siempre sea un peligro latente.

En España causa grandes daños el arañuelo del olivo *Liothrips oleae*, que ataca a los olivos tanto en hoja como en flor, fruto y ramillas, causando la muerte de las partes atacadas y pérdidas y deformaciones muy típicas en hojas y frutos, así como debilidad de los árboles, que llegan con los años a perder toda su producción. Tiene tres generaciones al año e inverna en estado adulto.

Chinches y "tigres": pertenecen al orden *Heteroptera,* que incluye insectos de tamaño mediano con aparato bucal picador-succionador. Su característica principal, y a la que hace referencia su nombre científico, es la diferencia entre sus dos pares de alas. El primero no es apto para el vuelo y está formado por una parte dura y una parte membranosa, llamándose hemiélitros. El segundo par es membranoso y normalmente útil para el vuelo, aunque en algunas especies se ha perdido el poder de volar.

En algunos heterópteros las patas se han modificado, bien para nadar, bien para cavar o para atrapar a sus presas, ya que hay especies predadoras. Muchas veces poseen glándulas odoríferas que desprenden olores muy desagradables. Algunas especies tienen costumbres gregarias y otras hacen su vida en solitario.

Figura 31. Tigre del plátano.

Normalmente se las conoce como chinches o "tigres", y a continuación el nombre de la principal especie vegetal atacada. Entre los principales citaremos el chinche del peral *Stephanitis pyri*, que ataca perales y manzanos y tiene un aspecto inconfundible, con unos hemiélitros muy nerviados, reticulados y ensanchados. Tiene 4 generaciones al año, y su principal daño es en las hojas, que llegan a caer por la gran cantidad de picaduras que reciben. Inverna en fase de adulto.

Relativamente parecido, también con los hemiélitros reticulados es el "tigre del plátano" *Corythucha ciliata*, introducida en Europa y España hace pocos años, con origen en EE. UU., y que causa daños muy típicos en plátano de sombra, ya que las hojas toman un color plomizo, para después, si el ataque es intenso, atabacarse y caer. Inverna en adulto, y en España tiene normalmente tres o cuatro generaciones anuales.

La "chinche del almendro" *Monostira unicostata* es menos llamativo, de color amarillento y más polífago, ya que además de al almendro ataca a muchos frutales y árboles forestales.

Mosquitos verdes, psilas, moscas blancas, pulgones y cochinillas*:* pertenecen al orden *Homoptera* que se diferencia principalmente porque tienen las alas delanteras iguales a las traseras (*Homoptera* significa alas iguales).

Los homópteros son insectos de muy pequeños a grandes, siempre terrestres y con alimentación picadora-chupadora. Se conocen unas 100.000 especies diferentes.

Tienen metamorfosis simple, aunque algunos grupos la tienen más completa, casi como un paso intermedio hacia los de metamorfosis complicada. En muchos casos las alas se atrofian; bien un solo par, como en los machos de las cochinillas, bien los dos pares, como en las hembras del mismo grupo, y en muchas fases de los pulgones.

También es normal la atrofia de todas o parte de las patas, o su transformación para cavar (chicharras) o saltar (cigarras).

En algunos casos, como los pulgones, aparecen estructuras de excreción llamadas sifones, útiles para su clasificación taxonómica. En otros, tienen glándulas productoras de seda y otras sustancias de protección. Es normal que excreten sustancias azucaradas, que son utilizadas por hormigas y hongos (fumaginas) para su alimentación.

La reproducción de algunas especies es muy complicada, en especial entre los pulgones, pudiendo necesitar más de una planta para completar un ciclo (especies heterocíclicas), y existiendo casos de partenogénesis, ovoviviparidad, etc. incluso dentro de la misma especie, según la época y la especie vegetal atacada.

Los daños se deben a la succión de la savia, a los efectos tóxicos de sus secreciones, a la asistencia a hongos como las fumaginas y a ser eficientes transmisores de virus.

En este orden se encuadran gran cantidad de plagas, muchas de ellas recurrentes y de muy difícil control, entre las que destacaremos:

- **Mosquitos verdes (*Empoasca* sp.)**: son pequeños homópteros, que se reconocen bien, pues tienen la curiosa costumbre de desplazarse lateralmente de adultos, cuando son molestados. La plaga más conocida es el "mosquito verde de la vid" *Empoasca lybica*, que ataca a la vid y al algodón, pero también a la morera, y causa daños de consideración especialmente en el algodón, al atacar los botones florales.

  Las *Empoascas* son transmisores de virus y *mollicutes*.

- **Psilas**: también de pequeño tamaño, tienen adaptadas sus patas posteriores para el salto, pudiendo producir además gran cantidad de seda y secreciones azucaradas. Algunas especies producen daños tipo agallas, o son transmisoras de virus.

  Entre las psilas citaremos *Euphyllura olivina* conocida como "algodón del olivo", ya que las larvas, que nacen tras invernar los adultos en el árbol, segregan gran cantidad de seda, apareciendo las inflorescentes manchitas blancas algodonosas que le dan el nombre común. Los daños son por aborto de las flores picadas, mermando la producción.

- **Moscas blancas**: tienen la particularidad de tener un tipo de metamorfosis prácticamente completa en sus dos sexos.

  Entre estos insectos destacaremos *Trialeurodes vaporarium* que causa daños en invernaderos y zonas cálidas en gran cantidad de plantas. Los adultos, blancos níveos y con cuatro alas en los dos sexos, pican las hojas y segregan gran cantidad de melaza, sobre la que se asienta la fumagina, aumentando los daños económicos y estéticos. Llega a tener cuatro generaciones al año, que se solapan, apareciendo a la vez huevos, larvas y adultos.

- **Pulgones**: son de los grupos más numerosos y dañinos de las plagas de homópteros, atacando a todo tipo de plantas y en todas sus partes.

  Los pulgones son insectos alados, con dos pares de alas que cierran en tejadillo, aunque muchas especies pasan por generaciones ápteras (sin alas). La reproducción puede ser sexual o partenogenética, y los ciclos (normalmente muy cortos) pueden desarrollarse en una sola planta (anholocíclico) o en dos (heterocíclico), con generaciones rapidísimas que pueden durar incluso solo quince días.

Figura 32. Mosca blanca.

Como todos los homópteros, su boca es picadora-succionadora. Pueden formar o no agallas y deformaciones, y son eficientísimos transmisores de virus.

Son muchas las especies de pulgones conocidas causando daños pero por su importancia económica y social, citaremos la filoxera de la vid (*Viteus vitifoliae* o *Phylloxera vastatix*) como uno de los más dañinos en la historia de la agricultura europea.

Este pulgón, de ciclo complicadísimo, donde hay hembras aladas, hembras sin alas, hembras partenogenéticas, hembras que ponen un solo huevo de invierno, hembras y machos diminutos y que no se alimentan, etc. tienen un comportamiento totalmente diferente, según se encuentre con cepas de vid americanas (de donde es originario) o europeas.

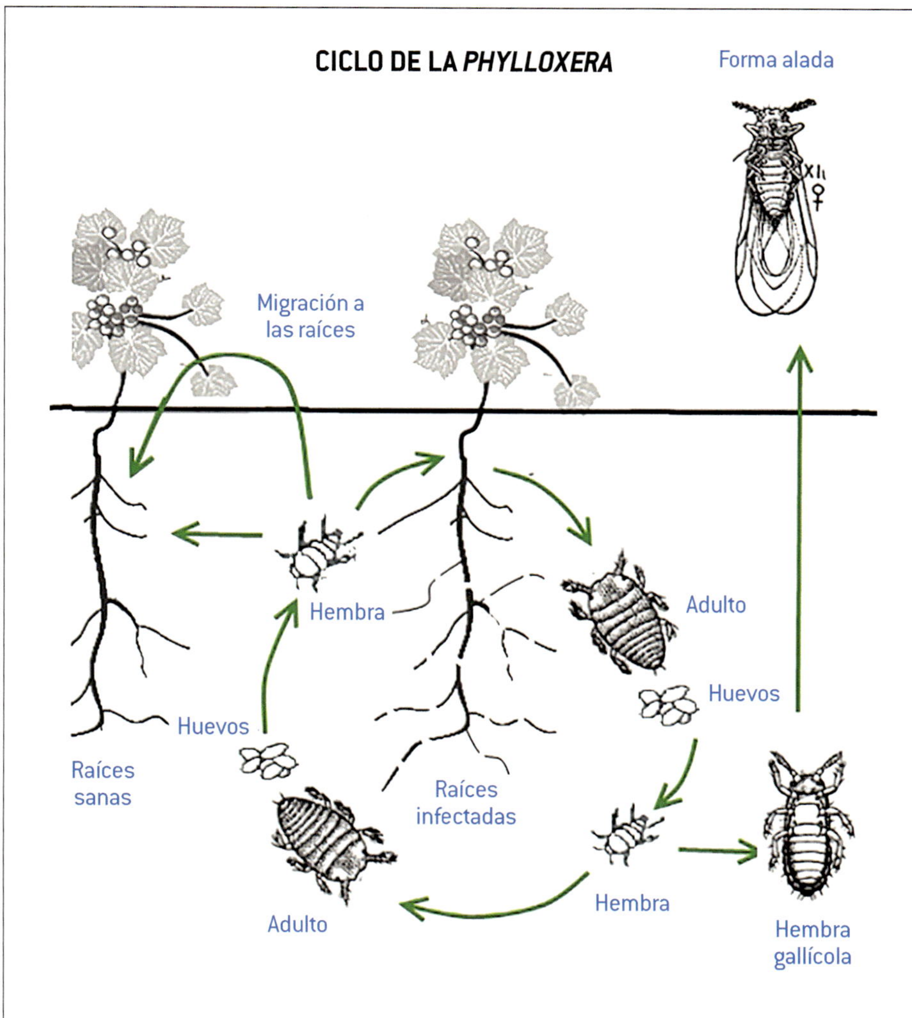

Figura 33. Ciclo de filoxera de la vid.

Figura 34. Pulgones y sus secreciones.

En América los daños son relativos, ya que las cepas han evolucionado con el pulgón y sus raíces soportan bien el ataque de las generaciones de hembras que viven en el suelo. Pero al llegar a Europa, en 1863, se encontró con muchas cepas no adaptadas a él, y en pocos años mató millones de hectáreas de viñedos, causando la ruina y desolación en todos los plantíos de viña. Se calcula que más de la mitad de las viñas europeas murieron en menos de 50 años, de modo que hoy en día no se pueden plantar cepas con raíz europea, siendo necesario que todas las variedades de viña se injerten sobre raíz americana.

Entre los pulgones existen muchas especies que son altamente polífagas, como *Aphis fabae*, *Mizus persicae*, etc., que pueden atacar a gran cantidad de plantas herbáceas y arbóreas, causando daños de consideración.

- Cochinillas: son también miles las especies que causan daños agrícolas, algunas con destrucción total de la planta atacada. Su tamaño va de diminutos a medianos, con un claro dimorfismo sexual.

Los machos son insectos siempre muy pequeños, con un solo par de alas por atrofia del otro que se convierte en unos apéndices llamados balancines. Tienen ojos compuestos y una metamorfosis que, en algunos casos, llega a ser casi idéntica a la metamorfosis complicada. No se alimentan y su vida es efímera.

Figura 35. Macho de la cochinilla alado y con ojos compuestos.

Las hembras pueden ser móviles, pero normalmente suelen perder rápidamente las patas y las antenas por atrofia, fijándose en la planta para su alimentación por succión. Se suelen recubrir de sustancias céreas, apergaminadas o sedosas, según la familia a las que pertenezcan, lo que se utiliza para la difícil sistemática del grupo, que en este caso se basa en este sexo. La metamorfosis de las hembras es siempre de tipo claramente simple.

Las hembras viven protegidas por sus escudetes u otras estructuras, sin que su aspecto pueda relacionarse con un "insecto normal". Siempre son ápteras y con ojos simples, cuando existen. Son fecundadas bajo su protección y las larvas avivan de los huevos, muchas veces en el interior del refugio y con la hembra ya muerta.

Las plagas de cochinillas, como las de los pulgones y los homópteros en general, son recurrentes y de muy difícil control, ya que su gran poder de reproducción hace que las poblaciones se restablezcan en cuanto tienen oportunidad.

Mariposas: el orden *Lepidoptera* es uno de los órdenes con más especies dentro de los insectos, con más de 150.000 especies conocidas. Su tamaño va desde poco más de 1 mm a más de 10 cm, y su nombre significa "alas con escamas", que es lo que realmente identifica al orden.

Figura 36. Fuerte ataque de cochinilla en evónimo.

Al estar recubiertas de microscópicas escamas, las mariposas toman muchas veces hermosos colores y diseños, siendo de los insectos más vistosos y de vuelo más elegante de todos los existentes en la actualidad, aunque curiosamente no faltan especies ápteras y braquípteras (alas reducidas a muñones más o menos grandes, pero no aptas para volar).

Prácticamente todos los lepidópteros, de adultos, excepto algunas familias primitivas, poseen aparato bucal succionador, constituyendo una estructura muy larga llamada espiritrompa, con la que succionan el jugo de las flores, colaborando a la polinización. En muchos casos los adultos simplemente no se alimentan, con aborto total del aparato succionador.

Los daños los causan siempre los estadios inmaduros, que en este caso, al ser un orden con metamorfosis complicada, no se parecen en nada a los adultos, teniendo forma alargada, de 5 a 0 pares de patas abdominales y boca masticadora. A estos inmaduros se les conoce con el nombre de orugas (o mal llamados gusanos, como el "gusano de la seda", aunque los verdaderos gusanos son muy diferentes), y a la fase de ninfa se le llama crisálida, que puede estar o no protegida por un capullo, ya que muchas producen sedas.

Las orugas, como corresponde a un orden tan amplio, tienen todo tipo de alimentación, atacando hojas, brotes, flores, frutos, yemas, troncos, raíces y productos

Figura 37. *Erannis defoliaria.* Mariposa hembra sin alas.
Causa pequeños daños en forestales y frutales.

de almacén, bien por predación directa o bien minándolos desde su interior. Algunas orugas son predadoras o parásitas, y las hay con alimentaciones muy especiales, como las parásitas de las colmenas, que se alimentan de cera (*Achroia grisella*), o de esta y el polen de la colmena (*Galleria mellonella*).

Es de destacar la mariposa de la seda (*Bombyx mori*) que a la inmensa riqueza que produce a nivel mundial, une la característica de ser la única especie de insecto cultivada por el hombre y que no se conoce en libertad.

Entre las plagas causadas por insectos de este orden, citaremos en primer lugar un ejemplo de especie minadora, la polilla del olivo (*Prays oleellus*), que tiene un curioso ciclo, causando tres tipos diferentes de daños, cada uno en una de sus tres generaciones anuales.

Esta mariposilla es de pequeño tamaño (aproximadamente 1 centímetro), con las alas delanteras gris blanquecino y manchas negras y con las alas posteriores grises, con manchas negras, rodeadas de flecos.

La primera generación de orugas nace de huevos puestos en las hojas en septiembre, y vive todo el final del otoño, el invierno y el principio de la primavera minando las hojas del olivo y haciendo galerías, con un daño casi siempre despreciable. Realiza la fase de crisálida en las hojas y rápidamente nace la

Figura 38. Hembra de mariposa de la seda. Un insecto defoliador claramente beneficioso.

segunda generación de adultos, que ponen sus huevos en las flores, atacando las oruguitas a estas y destruyendo una media de 10-15 botones cada oruga. Los daños no suelen ser muy importantes.

La tercera generación nace también con rapidez y ataca a los frutos en formación, introduciéndose en ellos y comiendo el interior del "hueso", que queda lleno de excrementos. Los frutos caen y se deprecian, siendo esta la generación más dañina de las tres.

Como orugas perforadoras de madera, citaremos a *Cossus cossus* y *Zeuzera pyrina*, que atacan a gran cantidad de árboles y arbustos, tanto frutales como forestales, como perales, manzanos, cerezos, vid, olivo, arce, olmo, lilo, chopo, etc. Las dos tienen una generación cada dos años, aunque en algunas situaciones puede ser de un solo año, y se diferencian sin problemas por sus galerías, ya que *Cossus* las hace elípticas y *Zeuzera* prácticamente circulares. Los adultos son muy diferentes y no es posible la confusión (figuras 39 y 40).

Entre los muchísimos defoliadores con los que cuenta el orden, citaremos *Lymantria dispar*, que es la peor plaga forestal a nivel mundial, y que ataca a más de 500 especies vegetales, frondosas y coníferas, así como a muchos frutales, siempre por defoliación.

Figura 39. Oruga perforada de *Zeuzera pyrina.*

Figura 40. Adulto de *Zeuzera pyrina.*

Esta plaga, que debe su nombre a la clara diferencia entre el macho y la hembra (dimorfismo sexual) es de origen europeo, pero se introdujo de forma accidental en EE. UU., en 1869, adaptándose perfectamente al nuevo medio y obligando a gastar millones de dólares al año para intentar su control.

Fruto de los estudios realizados en EE. UU. para intentar frenar a esta especie, fue el aislamiento por primera vez de una feromona sexual y su posterior utilización como medio de control.

La oruga es inconfundible, ya que tiene una serie de tubérculos dorsales, los cuatro primeros azules, y los posteriores rojos. Es peluda pero no tiene poder urticante.

Otra especie defoliadora de gran importancia para España y los países mediterráneos, y también forestal, es la "procesionaria del pino" (*Thaumetopoea pityocampa*), que defolia los pinos (y alguna otra conífera como los cedros), alimentándose las orugas en invierno, caso único entre nuestras mariposas.

Al daño de defoliación, muchas veces total aunque los árboles no llegan a morir, se une un daño sanitario importantísimo: las orugas a partir de su tercer estadio tienen pelos urticantes, que pueden lanzar a cierta distancia cuando son molestadas. Estos pelos con un fuerte veneno neurotóxico pueden llegar a provocar reacciones alérgicas graves, aunque lo normal es solo urticaria e hinchazón, lo que hace que la tolerancia deba ser cero.

Figura 41. Oruga de *Lymantria dispar*. Peligroso defoliador forestal y de frutales.

Figura 42. Bolsón de procesionaria del pino.

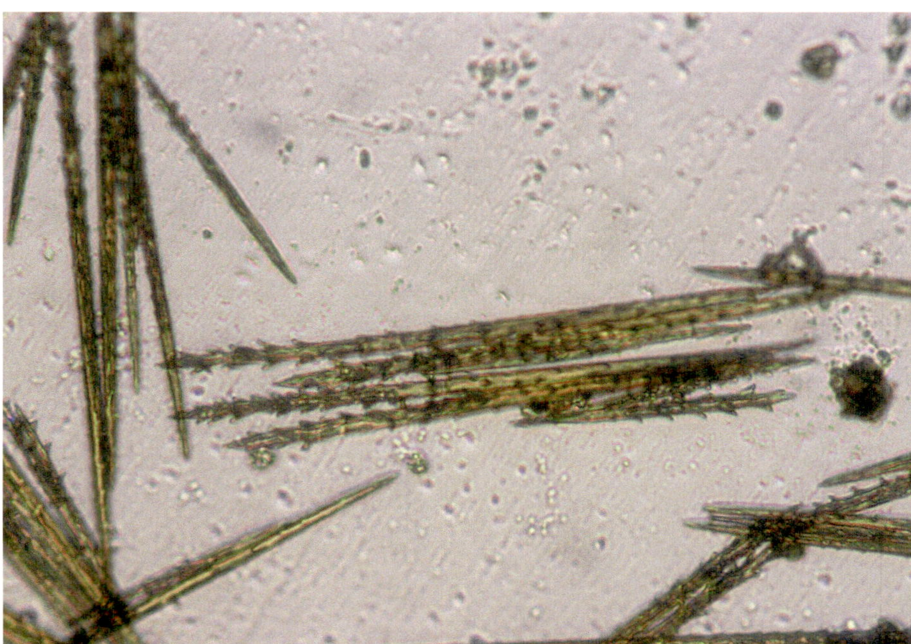

Figura 43. Pelos urticantes de procesionaria.

Por último, dentro de las plagas causadas por mariposas, citaremos las plagas del suelo causadas por orugas de la familia *Noctuidae*, como la gardama (*Laphygma exigua*), los gusanos grises (*Agrotis segetum, A. ypsilom, A. exclamationis, Noctua pronuba*, etc.), la rosquilla negra (*Spodoptera littoralis*), etc., que atacan raíces y partes bajas de multitud de plantas, causando sus daños normalmente por la noche y permaneciendo ocultas por el día, por lo que no son fáciles de ver. Normalmente tienen 2 o 3 generaciones anuales si bien, como es lógico, hay que estudiar cada especie y en cada estación.

Moscas y mosquitos: el orden *Diptera,* tiene unas 85.000 especies y su nombre significa "dos alas", ya que al igual que algunos machos de cochinillas el segundo par de alas lo tienen atrofiado, convertido en balancines. Existen también especies ápodas y braquípteras.

La metamorfosis es complicada y los adultos, casi siempre con grandes ojos compuestos, tienen alimentación succionadora o lamedora pudiendo ingerir jugos vegetales, materia orgánica en descomposición o sangre y otros fluidos de animales, entre ellos del hombre.

La reproducción suele ser sexual y por ovoposición, pero hay casos de partenogénesis, pedogénesis y ovoviviparidad.

Las larvas pueden alimentarse de materia muerta, pero también ser terribles plagas, tanto de los vegetales como de animales (incluidos útiles parásitos y predadores de insectos y ácaros). Algunas familias se han especializado y pasan sus estadios inmaduros en el agua.

Entre las especies que causan daños a los vegetales citaremos las típulas, enormes mosquitos inofensivos para el hombre, y de grandes patas de la familia *Tipulidae,* cuyas larvas, conocidas como gusanos de cuero por su consistencia, causan daños a las raíces de céspedes, hortícolas e incluso en algún caso a frutales y otras especies como el limonero.

Dentro de la familia *Cecidomyidae* hay bastantes especies fitófagas, muchas de ellas minadoras de hojas, que hacen galerías, y que en grandes ataques pueden causar defoliaciones importantes. Citaremos a *Liriomyza trifolii* introducida desde EE. UU. en crisantemos, pero que causa graves daños en otras plantas ornamentales y en hortícolas.

Otra plaga muy importante es *Ceratitis capitata*, o mosca de la fruta. Es una mosca algo menor que la mosca doméstica, pero de muy vivos colores negros y amarillos que la hacen inconfundible. Su origen es el África tropical, aunque en América la conocen como mosca mediterránea, causando allí también terribles daños.

Figura 44. Adulto de típula.

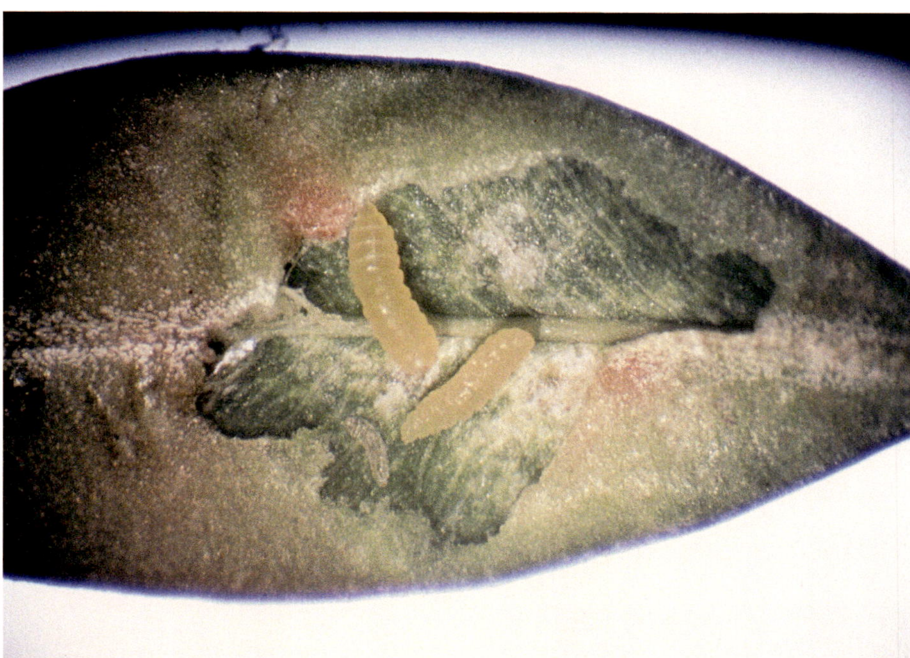

Figura 45. Cecidómido minador del boj.

Las larvas, mal llamadas gusanos de la fruta, atacan todo tipo de fruta, y como la especie puede llegar a tener siete generaciones al año, no hay fruta de invierno, temprana, tardía u otoñal, que no esté expuesta a su ataque. A sus daños, inmensos, hay que sumar la aparición de hongos que completan la destrucción de los frutos atacados. En España causa también grandes daños la mosca del olivo *(Dacus oleae)* que destruye los frutos tanto para consumo humano como para aceite.

Avispas, abejas y hormigas: el orden *Hymenoptera* es uno de los órdenes más complejos de los insectos, con unas 100.000 especies. Muchas son beneficiosas, al ser parásitos y predadores de otros insectos, ácaros, etc., pero algunas son fitófagas y, en este caso, el aparato bucal es siempre masticador.

Su tamaño va de mediano a minúsculo, ya que algunas de sus especies llegan a completar todo su ciclo dentro del huevo de otros insectos.

Algunos hymenopteros han desarrollado complejos sistemas sociales de vida, como las abejas y hormigas, con adultos no reproductores, que asumen otras funciones como la defensa, la alimentación de la colonia, etc.

La reproducción suele ser sexual, si bien en las especies con grandes sociedades, la reproducción queda restringida a una o pocas hembras (las reinas),

Figura 46. Daños de mosca del olivo.

ocupándose los demás adultos de otras funciones como el conseguir alimentos o el cuidado de las puestas e inmaduras. Hay otros casos con partenogénesis, y es relativamente normal la poliembrionía. La metamorfosis es complicada.

- Falsas orugas *(Thenthredinidae)*: familia que engloba gran cantidad de defoliadores, en larva y algunas veces también en adulto. Sus larvas reciben el nombre de "falsas orugas" por su relativo parecido con las orugas verdaderas de los lepidópteros. A esta familia pertenecen *Caliroa limacina*, que defolia los perales. Tiene dos generaciones al año y come de una manera muy típica, ya que respeta las nervaduras, quedando las hojas como encajes, para secarse con posterioridad. Inverna en pupa de la segunda generación. También a esta familia pertenecen las falsas orugas del rosal (*Arge rosae*, *A. ochropus*, etc.) y la falsa oruga del fresno, *Macrophya hispana*, que causa daños en toda la zona centro, en primavera y principios de verano.
- Otras plagas como *Janus compressus*: de la familia *Cephidae*, causan daños a frutales como el peral. Sus daños son muy graves en viveros y poco importantes en plantaciones ya asentadas. Las avispillas, con el abdomen rojo muy característico, aparecen en primavera tardía, picando los brotes tiernos, donde la hembra deposita sus huevos. Las larvas viven toda su vida en el interior de los tallitos, que se secan, se curvan y quedan llenos

Figura 47. Falsa oruga del rosal.

de excrementos, con un daño inconfundible. En otoño forman la pupa dentro de la ramilla muerta, en un capullo apergaminado, y pasa así el invierno, completando el ciclo a la siguiente primavera.

Escarabajos *(Coleoptera)*: es el orden más numeroso de todos los seres vivos conocidos, con unas 350.000 especies, de modo que una de cada tres especies vivas conocidas es un coleóptero, o bien una de cada dos especies de animales conocidas pertenece a este orden. Su nombre deriva del griego "alas en estuche", haciendo referencia a que el primer par de alas está muy endurecido (élitros), habiendo perdido la utilidad para el vuelo a favor de proteger al segundo par, con el que se realiza el vuelo. El segundo par puede desaparecer y entonces los élitros se sueldan, sin que esas especies tengan posibilidad de volar.

Como corresponde a un grupo tan amplio, los tamaños van desde muy pequeños (1-2 mm) hasta varios centímetros. El insecto mayor que se conoce es el coleóptero *Titanus giganteus*, que llega a medir hasta 17 cm de largo y cuyo ciclo de vida, en las selvas del Amazonas, es aún desconocido.

Los coleópteros, conocidos vulgarmente por escarabajos, han conquistado todos los medios del mundo, excepto los fondos marinos. Su reproducción es casi siempre sexual y su metamorfosis, complicada.

Figura 48. Titán gigante, el insecto más grande del mundo.

La alimentación puede ser fitófaga, tanto en larva como en adulto, y con especies que atacan a todas las partes de las plantas, o bien ser predadores, parásitos, saprófagos, necrófagos (alimentación de cadáveres) o coprófagos (alimentación de excrementos, como el escarabajo pelotero egipcio).

Entre las principales familias que causan daños a los vegetales citaremos:

- **Gusanos blancos**: pertenecen a la sub-familia *Melolonthinae*, que engloba gran cantidad de especies, cuyas larvas, conocidas como gusanos blancos, causan graves daños a las raíces de muchas especies vegetales.

  Los gusanos blancos tienen en común su vida subterránea y su aspecto; todos son blancos o blanquecinos, y con posición normal en forma de letra "u". Solo tienen patas en el tórax (6), el último segmento del abdomen está abultado y suele tener tintes oscuros o violáceos.

  Las larvas causan graves daños a las raíces de especies forestales, agrícolas y ornamentales, y sus ciclos suelen ser largos, de dos a tres años, pasando los inviernos enterrados y sin actividad.

  Los adultos, algunos de tamaño grande, se diferencian muy bien por tener las antenas en ángulo recto y acabar en una serie de piezas, en forma de "hojas de libro".

Figura 49. Gusano blanco.

Figura 50. Adultos de gusanos blancos.

Dentro de las muchas especies que causan daños, citaremos a *Melolontha melolontha*, *Polyphylla fullo*, *Anoxia villosa* y *Rhizotrogus aestivus*.

Además de los daños de las larvas, en algunos casos, los adultos también causan daños en hojas y flores, normalmente de mucha menor consideración.

- **Gusanos de alambre**: pertenecen a la familia *Elateridae*, que forma plagas también de gran importancia para nuestros suelos. Son las conocidas como gusanos de alambre por su consistencia, o bien "doradillas" u "oro-vivos" por su color.

  Los adultos son de tamaño medio, menores que los de los gusanos blancos, alargados, gráciles y fáciles de reconocer por su curiosa característica de dar grandes saltos, sin dirección determinada, cuando son colocados (intencionadamente o de modo natural) con las patas hacia arriba.

  El ciclo suele ser muy largo, de 3 a 5 años, aunque hay especies que pueden completarlo en uno. La puesta se realiza en el suelo y es muy sensible a la sequía, muriendo en masa si hay falta de humedad.

  El primer año las larvas se alimentan de materia muerta, sin causar daños (como los adultos) pero en los siguientes van atacando a las raíces de las

Figura 51. Gusano de alambre en patata (Foto de J. Ignacio Cadahía).

plantas, llegando a daños de consideración. La pupa se realiza también en el suelo (en verano), y es normal que los adultos estén formados al cabo de un mes, pero no emergen de la tierra hasta la primavera siguiente.

Las principales especies de gusanos de alambre son *Agriotes lineatus*, otros *Agriotes* sp., *Melanotus tenebrosus*, *Elater praeustus*, etc.

- Gusanos cabezudos *(Buprestidae)*: familia que engloba a muchas plagas de madera de especies agrícolas y forestales, aunque otras muchas viven en madera muerta, son los conocidos como gusanos cabezudos. En realidad el nombre común, aunque perfectamente descriptivo, encierra un doble error, ya que como sabemos no son "gusanos" sino larvas, y no son "cabezudos" ya que la parte delantera abultada, corresponde al primer segmento del tórax (protórax) y no a la cabeza, que es pequeña y unida a él.

  En agricultura, la especie más dañina es el *Capnodis tenebrionis*, que ataca a todo tipo de frutales pero sobre todo a los de hueso, y a algún árbol forestal.

  El ciclo dura dos años y las larvas abren galerías de alimentación, en especial en la base de los troncos y principios de la raíz de árboles jóvenes.

Figura 52. Gusano cabezudo de los frutales (*Capnodis tenebrionis*).

En la segunda primavera pupa junto al cuello de la raíz, saliendo al cabo de un mes los adultos, magníficos voladores, que hacen pequeños daños a los brotes recién salidos de los frutales. Los adultos pueden vivir más de una estación e incluso invernar protegidos en algún refugio o en el suelo, solapando así las generaciones.

- **Escarabajo de la patata**: pertenece a la familia *Chrysomelidae*, que posee varias especies defoliadoras, pero la más importante sin duda es el escarabajo de la patata *Leptinotarsa decemlineata*. Esta plaga es una de las más graves del mundo y es la demostración de las posibilidades de adaptación de las poblaciones a nuevas realidades ecológicas, en este caso favorecida por el hombre.

  El escarabajo de la patata es originario de los EE. UU., en la zona de las Montañas Rocosas, donde vivía de modo inofensivo sobre plantas silvestres.

  Al aparecer la patata procedente de América del Sur, rápidamente se aclimató a ella, causando destrucciones totales de las plantaciones. De los Estados Unidos pasó a Europa vía Francia en 1914, llegando a España en 1935, siendo una auténtica hecatombe para el cultivo de la patata, y en menor medida otras solanáceas (como el tomate).

Figura 53. Escarabajo de la patata. Adulto y larvas (Foto de J. Ignacio Cadahía).

El escarabajo es inconfundible, con 10 líneas negras sobre fondo amarillo, y de forma casi semiesférica. La larva es también amarilla, con tonos anaranjados y manchas negras.

La hembra suele poner más de 1.000 huevos y tiene de 2 a 3 generaciones anuales, invernando en adulto, fase en la que permanecen refugiados incluso en las casas, lo que en grandes poblaciones llega a causar problemas sociales.

- Gorgojos *(Curculionidae)*: son escarabajos de tamaño medio a pequeño, aunque hay algunos más grandes y son de aspecto muy característico, ya que poseen el aparato bucal transformado en una especie de trompa más o menos desarrollada y, sobre ella, las antenas, divididas en su mitad en ángulo recto.

  Entre las especies dañinas de esta familia, algunas causan daños por sus picaduras de adulto y otras son plagas típicas de almacén. Varias especies causan importantes daños al arbolado, al ser sus larvas perforadoras de madera viva. Entre ellos citaremos *Pissodes notatus* e *Hylobius abietis* en pinos, a los que llegan a matar, y *Cryptorhynchus lapathi* en sauces y chopos, especialmente jóvenes, dañando las plantas con sus galerías, por lo

Figura 54. Gorgojo de la bellota.

Figura 55. Daños de gorgojos en productos de almacén.

que llegan a tronchar. En las ramas causa picaduras de adulto para alimentación, depreciando los mimbres al volverlos quebradizos.

Recientemente se ha introducido en España un gran *curculionidae* de las palmeras *Rhynchophorus ferrugineus*, conocido como "picudo rojo", originario de Asia y que está causando graves daños en el Este peninsular, ya que en ataques graves matan rápidamente a las palmeras, incluso adultas.

- Barrenillos *(Scolytidae)*: escarabajos normalmente de tamaño pequeño. Sus larvas son perforadoras de madera, causando la muerte de los ejemplares atacados cuando las poblaciones son elevadas.

  Entre los que causan daños agrícolas citaremos a *Anisandrus dispar*, que debe su nombre a su dimorfismo sexual, ya que la hembra es mucho mayor que el macho, y que ataca frutales y árboles forestales de hoja caduca, aunque sus daños en España afortunadamente no son muy graves.

  De mayor peligrosidad son los barrenillos del olivo, entre los que destaca *Phloeotribus scarabaeoides*, que tiene tres generaciones anuales e inverna en adulto. La eliminación de las ramas de poda, donde la hembra efectúa preferentemente la puesta, es imprescindible si no se quiere tener un ataque seguro en el olivar.

Figura 56. Picudo rojo de las palmeras, de reciente introducción en España.

Figura 57. Daños de barrenillo del olivo.

Figura 58. Daños de barrenillo del cerezo.

En cerezos causa graves daños *Scolytus rugulosus* de cuyas galerías es normal que sobresalga el serrín apelmazado, con forma de "cola de cerdo" muy reconocible.

En los olmos, los escolítidos son fundamentales para la transmisión de la enfermedad de la grafiosis, tanto en la cepa normal como de las cepas agresivas, que están acabando con las poblaciones europeas del árbol. Tres son las especies implicadas y las tres necesitan que el árbol esté débil: *Scolytus scolytus,* que ataca preferentemente los troncos, ramas gruesas e incluso raíces, con 3 o 4 generaciones anuales; *Scolytus multistriatus*, igualmente con 3 o 4 generaciones, y que ataca principalmente ramas; y *S. kirschii* que ataca ramas y ramillas con daños muy inferiores.

Figura 59. Galerías de escolítidos en olmo.

En pinos son muchas las especies de escolítidos que causan daños, muchos de ellos mortales, aunque todas necesitan un estado previo de debilidad de la planta para poder atacar. Entre los más graves citaremos *Tomicus piniperda*, *T. minor* y principalmente *Ips acuminatus*, como el mayor destructor.

Figura 60. Escolítido del pino *(Ips)*.

1.2.4. Plagas producidas por gusanos

El término "gusano" no corresponde a ninguna clasificación taxonómica actual y normalmente se corresponde con seres alargados, blandos, más o menos cilíndricos, y sin apéndices diferenciados. Ya hemos visto que muchas veces se aplica el término con poca propiedad para hablar de diversos estadios inmaduros de insectos, como los gusanos de cuero (Dípteros), los gusanos de alambre (Coleópteros), los gusanos de las frutas (Lepidópteros y Dípteros), los gusanos grises (Lepidópteros), los gusanos blancos (Coleópteros), etc. Los gusanos propiamente dichos engloban tres *Phyllum* del reino animal: los *Annelida* (literalmente "pertenecientes a un grupo con anillos"), los *Platyhelminthes* (o "gusanos planos") y los *Nematelmintos* o *Nematodos* que vienen del griego "con aspecto de hilo".

El primer *Phyllum (Annelida)* engloba unas 20.000 especies, y ninguna es de importancia fitosanitaria, si bien algunas veces la lombriz de tierra o lombriz común (*Lumbricus terrestris*) puede causar pequeños daños, tanto de alimentación como por sus deposiciones, especialmente en céspedes y praderas.

Aparte de estos daños, las lombrices son muy positivas para los suelos, pues los airean, los abonan y les mejoran la estructura, por lo que difícilmente se pueden considerar una plaga.

El *Phyllum Platyhelminthes* comprende unas 20.000 especies conocidas, muchas de ellas parásitos de animales y hombre (como la tenia o solitaria), pero no del reino vegetal.

Figura 61. Lombriz de tierra.

Es en el tercer *Phyllum* de "gusanos", en *Nematoda,* con más de 25.000 especies conocidas, donde se encuentran especies fitófagas peligrosas, aunque pocas si se compara con el total. Son los conocidos como nematodos o anguílulas.

La gran mayoría de los nematodos viven en el agua o en los suelos, y se alimentan de pequeños seres vivos microscópicos. Muchos son parásitos del hombre y los animales, y unos cientos son fitófagos. La diferencia a la lupa es clara, ya que los nematodos fitoparásitos poseen un evidente estilete para poder atravesar las defensas del vegetal.

Los nematodos, pese a que son animales, suelen ser estudiados por los fitopatólogos con las técnicas necesarias para su aislamiento y reconocimiento, por lo que se consideran más como enfermedades que como plagas.

Los nematodos fitoparásitos suelen ser pequeños, casi no visibles a simple vista, y no poseen ni segmentación aparente, ni apéndices, ni aparato respiratorio ni circulatorio, aunque sí aparato sexual, si bien puede haber casos de partenogénesis y de autofecundación.

La forma generalmente es vermiforme [forma de gusano, o alargada] pero en algunos casos las hembras toman formas redondeadas, e incluso llegan a perder su movilidad.

Los nematodos suelen atacar desde el exterior, llevando una vida libre en el suelo, desde el que hincan su estilete a las raíces, chupando las sustancias nutritivas de la misma. No obstante, hay casos de nematodos que viven fijos a las plantas parasitizadas e incluso algunos en su interior. Tanto en la fase de huevo como en las etapas larvarias, los nematodos pueden enquistarse, pasando varios años (en ocasiones hasta 10) sin necesidad de alimentación y con el metabolismo al mínimo, en espera de mejores situaciones.

Los daños de nematodos son difíciles de diferenciar. En la parte aérea de las plantas suele apreciarse enanismo o hiperplasia (crecimiento anormal y desmedido), amarilleos, clorosis, necrosis de partes, etc., como síntomas comunes con otras muchas enfermedades.

En las raíces se suelen producir nudos o nódulos (en este caso claramente diferenciables), raíces con excesiva pelosidad, pudriciones, etc. Muchos de los daños no son causados directamente por la disminución de materias alimenticias, sino principalmente por la fitotoxicidad de su saliva, que posee enzimas que obligan a las reacciones citadas a las plantas atacadas.

Los nematodos son transmisores de virus y también, en menor medida, de hongos y bacterias.

Entre los nematodos que causan quistes en las raíces citaremos como el más dañino, posiblemente, al nematodo dorado de la patata *(Heterodera rostochiensis),* introducido en España desde Inglaterra en 1952 y que ha sido catastrófico para este cultivo en muchos países del mundo, atacando también

Figura 62. Nematodos en raíz de parra (Foto de J. Ignacio Cadahía).

a otras solanáceas. Las raíces y los tubérculos se llenan de pequeños quistes amarillos, llegando a matar gran cantidad de plantas, especialmente si son jóvenes. Estos quistes son las hembras, que pueden llegar a contener hasta 500 huevos, siendo los machos más pequeños y libres.

Como nematodos endoparásitos, podemos citar el género *Pratylenchus*, que ataca a gran cantidad de especies de huerta entrando al interior de las raíces, que van ennegreciendo y pudriéndose, y aunque pueden sufrir un incremento en forma de escoba, su rendimiento es mínimo y acaban por morir.

Entre los ectoparásitos, citaremos el género *Tichodorus* que causa proliferación de raíces, pérdidas de crecimiento y enanismo, en una amplia gama de vegetales que va desde cereales hasta árboles frutales, pero que normalmente no les llega a matar.

1.2.5. Plagas producidas por moluscos

Los moluscos son un *Phyllum* del reino animal con más de 100.000 especies conocidas. Su nombre significa "blando" y se diferencian por la existencia de un sistema único de locomoción, a veces muy modificado, llamado pie, y por poseer (no siempre) concha formada por material calcáreo.

La alimentación se realiza mediante un aparato, también único, llamado rádula, formado por gran cantidad de pequeños dientes curvos.

Su tamaño va de muy pequeño a gigantesco, como los calamares gigantes de las profundidades marinas, de varios metros de longitud.

Dentro de los moluscos, desde el punto de vista vegetal, solo interesa la clase gasterópoda (que viene de "estómago" y "pie"), que es la más numerosa del *Phyllum*, con unas 75.000 especies conocidas. Muchas de sus especies son marinas o de agua dulce, siendo fitopatógenos solo dos pequeños grupos: los caracoles y las babosas.

Los términos "caracol" y "babosa" son nombres comunes, no científicos, y por tanto no tienen rigor taxonómico. En agricultura nos restringimos a moluscos terrestres, herbívoros, en el primer caso con concha evidente, y en el segundo caso sin concha o con concha interna no visible.

Tanto las babosas como los caracoles son animales de vida nocturna, alimentándose de plantas, a las que llegan a causar graves daños de defoliación si las condiciones les son favorables.

Las babosas y los caracoles son hermafroditas, pero solo tienen un sexo activo, siendo de jóvenes machos y pasando a hembras con posterioridad. Según las

Figura 63. Babosa.

especies tienen de 1 a 4 generaciones anuales, si bien en algún caso puede ser una generación cada dos años, e incluso cada 4.

Las babosas y los caracoles necesitan humedad para poder vivir, teniendo facultativamente la posibilidad de inmovilizarse y esperar a mejores tiempos cuando la situación es de sequía, ya que si no hay suficiente humedad no pueden desplazarse, pues su zona denominada pie ha de deslizarse por la abundante "baba" que producen con una glándula especializada. De no ser así, su desplazamiento es imposible al no poder vencer el rozamiento con un suelo seco.

Esta última característica hace que sus daños, pese a ser producidos de noche, sean evidentes, ya que las plantas quedan impregnadas de la baba, que una vez seca brilla, haciendo su presencia inconfundible.

1.3. Características generales sobre alteraciones fisiológicas

1.3.1. Concepto de alteración fisiológica

Las plantas, como todos los seres vivos, se desarrollan en consonancia con el medio ambiente que las rodea, y necesitan que todos los factores de este se encuentren entre unos límites aceptables para poder realizar sus funciones vitales con normalidad.

Si alguna condición del medio ambiente (incluidas por supuesto las acciones humanas) se vuelve no favorable, por exceso o por defecto, el vegetal reacciona, apareciendo una serie de síntomas, que llamamos alteraciones fisiológicas o enfermedades no parasitarias, o daños abióticos.

Estos daños pueden tener sintomatologías muy parecidas a las enfermedades ya estudiadas, e incluso a las de algunas plagas, pero en ningún caso se pueden transmitir de plantas enfermas a plantas sanas, que solo enfermarán si son afectadas por el mismo factor ambiental.

Dependiendo de la variación en el factor cambiante y de la importancia de este para el vegetal, tendremos desde síntomas leves a muy graves e incluso muerte, y desde manifestaciones locales hasta totales en todo el vegetal, o incluso en toda la plantación y las adyacentes.

1.3.2. Clasificación de los agentes causantes

Los agentes causantes de las alteraciones fisiológicas se pueden dividir en naturales y causados por el hombre. En los dos casos pueden afectar a cualquiera de los componentes del medio físico en el que las plantas viven, es decir, a la atmósfera y al suelo, incluyendo en este el agua edáfica necesaria para que pueda existir vida. A estos efectos negativos hay que añadir los posibles daños físicos, naturales algunas veces, o con mucha más frecuencia provocados por el hombre, en especial en el medio agrícola.

Las principales causas de alteraciones fisiológicas son, por tanto:

- Daños climáticos y ambientales.
- Daños dependientes del suelo y del agua que contiene (edáficos).
- Daños físicos.

1.3.3. Agentes atmosféricos

Los principales agentes atmosféricos que pueden afectar a las plantas, y que se desarrollarán en el punto 5, son:

- Falta y exceso de luz.
- Temperaturas demasiado bajas o altas.
- Nieve.

- Granizo y pedrisco.
- Viento.
- Rayos.
- Falta o exceso de agua.

1.3.4. Agentes contaminantes

El hombre, con muchas de sus actuaciones, produce una serie de productos químicos de deshecho que son vertidos directamente al medio ambiente, y que en muchas ocasiones tienen efectos no deseados sobre el ecosistema, y en particular sobre la vegetación.

Estas sustancias son los agentes contaminantes, causantes del efecto llamado contaminación.

Tres son los elementos que pueden ser invadidos por estas sustancias: el aire, el agua y el suelo; y los tres tienen gran influencia en el mundo vegetal.

La contaminación puede tener un origen natural, como los volcanes o los grandes incendios causados por rayos, pero normalmente conocemos como contaminación a la causada por la actividad humana y, principalmente debida a los medios de locomoción y a los procesos industriales, aunque no hay que olvidar, y menos hablando de agricultura, a las actividades agrícolas y ganaderas.

Figura 64. Daños de contaminación por una fábrica de curtientes (Italia).

En el caso del aire se habla de contaminación atmosférica. Es la más generalizada y la de más fácil y rápida dispersión. Esta contaminación se conoce desde el siglo XIX, pero aún no se han estudiado totalmente sus efectos, hoy en día muy preocupantes, al ser una de las causas principales del "cambio climático" de acuerdo a muchos de los investigadores que trabajan sobre esta hipótesis.

La contaminación atmosférica se debe a la gran cantidad de gases que se producen en la actividad humana, que pueden influir en la vegetación al interferir en sus procesos metabólicos.

En algunos casos más locales, la contaminación del aire es en forma de polvo, por lo que a sus posibles efectos tóxicos une un daño físico de recubrimiento de las partes verdes, con pérdida de superficie fotosintética. Son daños de menor difusión, pero pueden ser de extrema gravedad (cementeras, canteras, etc.).

Figura 65. Estocolmo. Medidor de contaminación.

Los daños por contaminación atmosférica gaseosa son muy difíciles de diagnosticar, ya que necesitan análisis del aire de gran precisión y, por otra parte, las plantas tienen muy diversas sensibilidades tanto a nivel específico como dentro de la misma especie a nivel individual, o incluso según su edad.

Los síntomas suelen ser: cambios de coloración en las hojas; enanismos; clorosis; aparición de manchas o zonas muertas; enrollamientos y deformaciones; atrofias; etc.

Entre los principales agentes contaminantes se encuentran el ozono (O_3) a causa de los motores de combustión, los nitratos de peroxiacilo (PAN) con el mismo origen, y los cloruros y fluoruros de diversos procesos industriales.

La contaminación de las aguas es otro de los procesos que afectan gravemente a las plantas, sobre todo en agricultura y jardinería, al ser cada vez más normal la reutilización de aguas usadas por la industria o las grandes ciudades, para riegos con agua "regenerada" o "reciclada". Esta agua se depura a niveles utilizables por la agricultura, pero no por la población humana, pues siempre contienen productos contaminantes en mayor o menor proporción.

El riego con agua regenerada es seguro si se cumplen las condiciones impuestas por la legislación, pero algunas veces hay accidentes o vertidos incontrolados, apareciendo entonces con toda su crudeza los efectos de la contaminación.

Figura 66. Posibles daños de contaminación salina.

La contaminación de los suelos está íntimamente ligada a la contaminación de las aguas de riego, pero también se producen vertidos directos al suelo bien en zonas adecuadas para ello (vertederos), normalmente sin efectos, o bien de modo irregular, siendo este un método claro de contaminación.

El movimiento dentro del suelo de sustancias sólidas contaminantes es siempre muy local, pero algunas sales son altamente solubles en el agua que contiene el suelo y pueden moverse mucho más de lo esperado, sobre todo en el caso de vertidos irregulares.

1.3.5. Técnicas culturales

En agricultura y jardinería, pero también en plantaciones forestales y en manejo de bosques, el hombre utiliza una serie de técnicas para conseguir o aumentar los bienes que espera obtener de la vegetación, y que normalmente se engloban con el nombre de técnicas culturales.

Las técnicas culturales tienden por tanto a aumentar la calidad de la vegetación y su rentabilidad, entendida en sentido amplio. Aunque en algunos casos, como el efecto de falta de luz para lograr lechugas o espárragos blancos, se

Figura 67. Contaminación por tratamiento fitosanitario mal realizado (obsérvese la ascendencia del polvo, que no caerá sobre el cultivo diana).

puede violentar a las plantas ya que lo que buscamos son los síntomas de una enfermedad, en este caso no parasitaria.

Algunas veces la mala aplicación de estas técnicas culturales, su aplicación excesiva, su aplicación a destiempo o en cultivos equivocados, lleva a las plantas a situaciones negativas contrarias a lo que en principio se pretendía y era de esperar.

El caso más típico de mala aplicación de técnicas culturales es la errónea utilización de productos fitosanitarios, en especial de herbicidas.

Los productos fitosanitarios tienen unas épocas de aplicación, unos cultivos autorizados y unas dosis que hay que respetar escrupulosamente, ya que su utilización en otras condiciones puede provocar efectos de fitotoxicidad más o menos graves (quemaduras, necrosis, enanismos, deformaciones, caída de hojas, pérdida de flor o fruto...) y en muchas ocasiones, y principalmente con herbicidas, la muerte del vegetal.

Este peligro existe también por el exceso de abonado (especialmente con microelementos) por lo que es fundamental partir de la información suficiente y conocer la durabilidad del producto en el suelo y la posible sensibilidad futura, sobre todo con cambios de cultivo.

Figura 68. Espiralización de raíces por mala plantación.

El riego excesivo impide la correcta aireación de las raíces y favorece a algunas enfermedades; y el riego por aspersión en horas de mucho sol puede quemar hojas y frutos por el efecto lupa de las gotas.

Otras técnicas culturales como el entrecavado, la escarda, el aclareo, etc., bien realizadas aumentan la producción, pero en exceso pueden causar daños físicos a las plantas en raíces y partes aéreas, que conllevan debilitamiento y posibles focos de infección.

En el caso de árboles, sobre todo forestales, el cultivo en macetas muy pequeñas y no preparadas para este tipo de plantas lleva a la espiralización de la raíz a lo largo de las paredes del contenedor y rodeando al tallo. Este efecto, con el crecimiento posterior en diámetro tanto de las raíces como del tronco, provoca autoasfixia y a la larga llega a producir la muerte de las plantas, pudiendo dar al traste con una repoblación efectuada desde todos los demás puntos de vista a la perfección.

1.4. Agentes bióticos

De acuerdo a lo visto hasta este punto, dentro de los agentes bióticos se engloban todos los seres vivos capaces de causar daño a los vegetales útiles al hombre o a sus productos, bien a lo largo de toda su vida, bien en algún momento de ella, o como resultado de alguna fase de su actividad.

Los principales agentes bióticos son:

- **Reino Animalia**: forman en principio las plagas con la excepción de los nematodos, que se consideran enfermedades. Dentro de él se incluyen:

  Vertebrados:

  – *Peces* (que forman plagas esporádicas).

  – *Reptiles* (existen pocos casos, pero algunos causan daños en la agricultura).

  – *Aves*.

  – *Mamíferos*.

  Invertebrados:

  – *Artrópodos* (son las plagas más comunes y dañinas, incluyendo los miriápodos, los ácaros y los insectos).

  – *Anélidos* (lombrices).

  – *Nematodos.*

  – *Moluscos* (caracoles y babosas).

- Reino Plantae:

  – *Plantas superiores parásitas.*

  – *Malas hierbas.*

- Reino Fungi:

  – *Hongos verdaderos.*

- Reino Protista:

  – *Oomycetes.*

- Reino Monera:

  – *Mollicutes: Fitoplasmas.*

  – *Bacterias.*

- Virus y Viroides

1.5. Agentes abióticos. Clasificación: factores ambientales y climatológicos (acción de la luz, de las temperaturas, de la nieve y el granizo). Derivados del suelo (acción del agua, estructura, abonos y ph)

Factores ambientales y climatológicos

Acción de la luz

La luz es absolutamente imprescindible para realizar la fotosíntesis. Por tanto, ninguna planta puede vivir en ausencia continuada de luz.

El exceso de luz es difícilmente diferenciable del exceso de temperatura, ya que las dos, en condiciones naturales, emanan del sol y llegan a la tierra unidas (no son más que diferentes longitudes de ondas de los rayos solares). En muchos casos, las plantas no soportan la exposición directa al sol, denominándose "especies de sombra" (como por ejemplo, las mentas); o al contrario, les es absolutamente necesaria esta exposición, llamándose entonces "especies de luz" o "especies de sol", como por ejemplo el pino piñonero y muchas plantas de huerta.

Los daños por falta de luz son mucho más evidentes, ya que su relativa ausencia hace que las plantas tengan problemas para realizar el proceso de formación y utilización de la clorofila, con síntomas inmediatos sobre su desarrollo.

Las plantas que sufren este proceso se denominan ahiladas, y son plantas débiles con color pálido o amarillento y con gran alargamiento de sus tallos

Figura 69. Daños por la falta de luz.

buscando la luz. En el caso de los árboles, llegan a curvarse totalmente, perdiendo todo su valor y llegando a situaciones de peligrosidad en su estabilidad.

Otra enfermedad típica de falta de luz es el "encamado del cereal", que ocurre en plantaciones muy espesas y bien abonadas, donde las plantas crecen mucho y muy rápido, pero la falta de luz en las partes bajas hace que estas sean débiles, cayendo toda la planta al suelo (encame) en cuanto hay viento o una lluvia fuerte que los arrastre.

Este efecto de falta de luz puede no obstante buscarse deliberadamente tanto en el mundo agrícola (lechugas y espárragos blancos) como en el forestal (plantaciones espesas al principio para tener árboles altos y rectos).

Acción de las temperaturas

De todos los fenómenos meteorológicos, en nuestros climas es la temperatura la que con más facilidad fluctúa, bien estacionalmente (verano-invierno), bien diariamente (día-noche) o incluso por momentos (soleado-nublado).

Las plantas normalmente, y salvo excepciones evolutivas especiales, viven sin problemas entre 1 °C y 40 °C, y tienen un perfecto desarrollo en torno a los

20-25 °C, si bien en épocas de reposo vegetativo estos márgenes se agrandan sin problemas tanto por arriba como por abajo.

En el caso de las bajas temperaturas, el límite lo marca el punto de congelación del agua, que depende de la pureza de la misma (y de la presión atmosférica), pero fluctúa en las proximidades de los 0 °C.

Los posibles daños de helada dependerán de las especies, de la época y de las partes de la planta expuesta a ellas. Así, los árboles boreales aguantan perfectamente temperaturas de -40 °C en invierno sin sufrir daños, mientras que algunas plantas tropicales usadas como decoración de interiores sufren daños con temperaturas de unos 3 °C, y por tanto antes del punto de congelación.

Las heladas dependen en sus daños tanto de la época en que se produzcan como de la rapidez con que cambien las temperaturas.

Las heladas tardías, cuando las plantas ya han comenzado a brotar e incluso a florecer, son las más dañinas, causando daños catastróficos en las producciones y, en casos graves, incluso la muerte.

Las células en este proceso quedan parcialmente deshidratadas, y si la temperatura sube rápidamente, no son capaces de rehidratarse y pueden llegar a morir.

Los daños son mayores cuanto más delicado es el órgano afectado, de modo que las flores son más sensibles que los frutos, estos que las hojas y estas que las ramas, tronco y raíces. Muchas veces la helada no mata directamente a las

Figura 70. Daños graves en encinar por helada tardía.

plantas, especialmente las arbóreas, pero las debilita tanto que son presa fácil de hongos y plagas, acabando por sucumbir.

Los daños por exceso de temperatura son en teoría los contrarios a los de la helada, pero en realidad se parecen mucho, porque se basan en la pérdida de agua de las células, en este caso por exceso de evaporación y desecamiento de las mismas. Si el calentamiento es excesivo, la planta pierde agua a gran velocidad, llegando a ser imposible que se absorba por la raíz la misma cantidad y llegando a un punto de no retorno, con la correspondiente marchitez y muerte.

En el caso de los cereales, por calor excesivo en el momento de la maduración del grano se puede impedir su correcto desarrollo, con una pérdida importante de cosecha, que se conoce como "asurado" ya que suele coincidir con vientos muy calientes del sur.

Acción de la nieve

La nieve, pese a lo visible de su apariencia, es en general de los agentes atmosféricos menos dañinos, ya que suele caer en pleno invierno, en parada vegetativa, y casi todos los vegetales que viven en nuestro clima están adaptados a soportarla.

La nieve, además, impide que las temperaturas bajen en exceso, mitigando los daños de las heladas y aportando agua al suelo de modo lento, de modo que la reserva de nieve en las montañas se considera altamente positiva como reservorio y como suministradora en primavera y verano para los acuíferos.

Figura 71. La nieve causa pocos o ningún daño si no va asociada a otros meteoros adversos.

Figura 71.2. Daño de la tormenta Filomena en una encina pluricentenaria de la Casa de Campo, Madrid.

Solo en grandes nevadas se producen daños físicos, de rotura de ramas en arbolado o de asfixia de raíces, pero casi siempre ha de estar combinada con otros factores (fuertes heladas, vientos o tempestades, etc.) para que sus daños sean de consideración. Los terribles daños de la tormenta Filomena en el centro del país, en enero de 2021, que en ciudades como Madrid acumuló en pocas horas más de 50 centímetros de nieve, unida a fuertes heladas, provocó una situación catastrófica, que se tardó meses en regularizar en zonas periurbanas como la Casa de Campo de Madrid.

Figura 72. Daños de granizo en invernadero (Foto: Javier Spalla).

Acción del granizo

Al contrario que la nieve, con el granizo, y en especial cuando este es con elementos de gran tamaño, en el meteoro conocido como pedrisco, los daños suelen ser cuantiosos y muchas veces catastróficos.

Las principales diferencias con las nevadas son la época de aparición (el granizo es normal en verano y otoño) y la energía de choque en la caída de sus partículas.

En granizos no muy violentos, los daños son de pequeñas heridas y pérdidas de hoja, flor o fruto, dependiendo de la época. En grandes granizadas como el pedrisco o "piedra", la destrucción de las cosechas puede ser total.

Acción de otros meteoros (viento y rayos)

El movimiento del aire en las cercanías de los vegetales es positivo, pues ayuda al intercambio gaseoso y a la limpieza del polvo depositado sobre las diversas partes de las plantas, así como en muchos casos a una correcta polinización.

Vientos muy fuertes, sin embargo, pueden causar auténticos desastres tanto a la vegetación arbórea como a la herbácea, con desgarros, desarraigos y, en el peor de los casos, arranque total o, si es maderable, tronchamientos.

Si los vientos son cálidos agravan los problemas de las altas temperaturas; si son secos, los de la sequía, y si son fríos los de las heladas. Vientos racheados y variantes, suelen causar más daños que los de dirección constante, o bien si estos son continuos y fuertes, pueden ir secando la zona más expuesta del vegetal (en especial árboles y arbustos) dando los típicos "portes en bandera".

Figura 73. Daños catastróficos por vendaval.

El daño del rayo es un daño traumático, normalmente con la destrucción total de la vegetación afectada. En algunos casos los árboles afectados pueden sobrevivir quedando la herida y, con posterioridad, la cicatriz que demuestra la afección del fenómeno eléctrico. Los rayos muchas veces son origen de incendios, especialmente en las llamadas tormentas secas, produciendo los daños catastróficos que los incendios conllevan.

Figura 74. Daño de rayo.

Factores derivados del suelo

Acción del agua

Junto con la temperatura, es el otro gran factor limitante para las plantas, dependiendo de la conjunción de las dos la distribución natural de las especies.

En ausencia de agua no hay vida y, una vez instaurada esta, sin su presencia constante en cierto grado, tampoco, ya que de media, los seres vivos somos agua en un 80 %.

La falta de agua en el suelo hace que las plantas disminuyan su evotranspiración afectando a su estado general, frenando su desarrollo y disminuyendo o incluso anulando la producción de flores y brotes nuevos.

Si la falta de agua continúa (sequía prolongada) van muriendo partes de la planta, llegándose al punto de “marchitez permanente” en el que las plantas ya no se recuperan, aunque se les aporte agua en cantidad.

Si el suelo tiene suficiente agua pero la sequedad del ambiente es externa, se pueden producir también daños, porque las raíces no son capaces de suministrar toda el agua requerida por las hojas, que llegan por tanto a secarse parcial o incluso totalmente, aun existiendo en el suelo agua en cantidad.

Por supuesto, los daños de sequía dependen del tipo de suelo, exposición, profundidad, etc., así como de cada tipo de vegetal más o menos adaptado a cada estación.

Figura 75. Punto de marchitez permanente. La recuperación es ya imposible.

El exceso de agua, en especial cuando es continuo y de aguas no corrientes, impide la respiración por falta de oxígeno disponible en el suelo y el necesario intercambio gaseoso, produciendo debilidad, clorosis, marchitamientos y, si es permanente, muerte. Situaciones de encharcamiento menos graves pueden también ser fatales, pues son aprovechados por hongos y bacterias para invadir a las plantas, no sensibles en condiciones normales de humedad.

Estructura del suelo

La estructura de los suelos sobre los que se asienta la vegetación es un condicionante absolutamente imprescindible de conocer, ya que de ella dependen las posibilidades de traslocación de los iones para la alimentación vegetal, la disponibilidad de oxígeno y la durabilidad del agua en el suelo, así como la mayor o menor facilidad para que esta sea absorbida por el vegetal.

La estructura del suelo depende del tamaño, y en parte de la composición química de las partículas que lo conforman. Las partículas muy finas (menos de 2 micras) forman las arcillas; entre estas y 50 micras los limos; y de 50 micras a 2 milímetros, las arenas. Partículas mayores solo intervienen en la formación

Figura 76. Muy pocas especies soportan el encharcamiento prolongado.

Figura 77. Igualmente, muy pocas plantas, y muy adaptadas, aguantan las sequías prolongadas (desiertos).

de grandes huecos, que aumentan mucho la permeabilidad del suelo y, si son muy abundantes, el suelo será gravoso o pedregoso.

Las partículas se agrupan de diferente manera, en especial con la presencia de materia orgánica, lo que justifica la existencia de suelos de diferentes estructuras y calidades.

En general los suelos ricos en arcillas son más fértiles y con gran retención de agua, pero son suelos pesados, difíciles de laborar, que se agrietan en situaciones de sequía, muy plásticos con humedad y con posibles problemas de aireación.

En el otro extremo están los suelos arenosos, fáciles de trabajar y con buena aireación y movimiento del agua, pero poco fértiles y muy sensibles a la sequía pues el agua se evacúa con rapidez.

En general suelos limoso-arenosos, con suficiente materia orgánica son los que reúnen las mejores características de las partículas finas y gruesas y los más adecuados para la vegetación.

Abonos

Las plantas para su desarrollo y crecimiento normal necesitan tomar del suelo todos los componentes de sus órganos y estructuras, por lo que absorben por las raíces las sales minerales que los contienen, y que tradicionalmente se han dividido en dos grupos según la cantidad necesaria:

Los *macronutrientes*, o sustancias que son necesarias en gran cantidad (nitrógeno, fósforo, potasio, calcio, magnesio y azufre) y los *micronutrientes* o elementos que son necesarios en muy pequeñas cantidades (hierro, manganeso, boro, cobre, etc.).

Si falta alguno de ellos, o lo hay en mucha menor cantidad de la necesaria, las plantas dejan de vegetar bien, y pueden llegar a morir.

La solución, en este caso, pasa por un buen estudio químico del suelo y la corrección con un abonado adecuado.

Otras veces el problema es el contrario; la acumulación de estos productos, especialmente los micronutrientes, puede llegar a ser tóxica para las plantas, pudiendo por tanto hablarse de un suelo contaminado por ese elemento bien por causas naturales, bien por contaminación directa del suelo, o por arrastre en el agua de algún compuesto.

En los macronutrientes el exceso no suele ser muy grave, si bien por ejemplo, demasiado nitrógeno produce plantas excesivamente desarrolladas, con unas floraciones pobres y muy sensibles a las enfermedades. Un exceso de calcio puede producir clorosis por bloqueo del hierro especialmente en especies calcífugas (pero no en otras que soportan bien los suelos alcalinos).

Entre los micronutrientes, el boro y el níquel son muy peligrosos si su presencia es alta, pero la contaminación más común es por sales de sodio (sobre todo el cloruro sódico o sal común) que llega a matar las plantas con rapidez, salvo las especies acostumbradas a ella a lo largo de su evolución.

pH

El pH (potencial de hidrógeno) mide la acidez o basicidad de los cuerpos en disolución, de modo que de 0 a 7 se dice que es una solución ácida; si el pH es 7 es neutra y si es de 7 a 14 (máximo valor alcanzable) es básica o alcalina.

En los suelos, el pH suele oscilar desde 3,5 (suelo muy ácido) hasta 10 (suelo muy alcalino), y solo vegetación con gran grado de adaptación soporta vivir en suelos con valores fuera de este entorno.

El pH es importante porque de él depende la disponibilidad de las plantas para tomar los nutrientes del suelo, ya que a su vez la solubilidad de estos depende de la acidez o alcalinidad de su disolución en agua. Por ejemplo, el manganeso es más soluble en suelos ácidos que básicos, por lo que en los segundos puede ser un factor limitante si es escaso, mientras que en los primeros, si es abundante, puede llegar a ser tóxico.

Las plantas se han dividido tradicionalmente en las que vegetan mejor en suelos ácidos (plantas acidófilas) y las que prefieren suelos básicos (basidófilas o calcícolas) si bien como es lógico la calidad de la vegetación también depende de la estructura, composición química equilibrada, disponibilidad de agua, etc.

Normalmente los suelos básicos son más fértiles que los ácidos, ya que el pH alto indica presencia de sales disueltas, pero esto puede llegar a ser un problema, ya que fácilmente nos podemos encontrar con suelos salinos muy perjudiciales para las plantas no adaptadas a ellos.

Las plantas que viven en suelos cuyo pH pasa de los límites admisibles pierden crecimiento, bajan la floración, pueden sufrir clorosis y necrosis de partes y, si la situación no se remedia, acaban por morir por fallo grave en la alimentación.

1.6. Muestreos: croquis, unidades de muestreo, técnicas a emplear, tamaño de la muestra, localización de los puntos de conteo, materiales y equipos, fichas y gráficos

El conocimiento de las poblaciones vegetales a defender, su dinámica temporal y su estado respecto a plagas y enfermedades, es fundamental para una correcta sanidad vegetal, ya que sin un buen conocimiento de la situación es imposible un buen programa de gestión y en su caso de control.

La realización de croquis de las zonas a muestrear, es una medida muy útil como complemento a la información que siempre ha de acompañar a una muestra de plaga o enfermedad, o a la realización de una campaña, sistemática o no, de muestreos sobre una zona.

Para cada muestreo, se deben tomar las unidades acordes al tamaño a la zona a muestrear; el espacio debe ser dividido en unidades relativamente homogéneas y actuar de manera separada dentro de cada unidad.

El espacio, o número de plantas o partes de estas que se monitorizan, dependerá del tipo de daño y de la superficie total.

Las técnicas de muestreo son muy variadas, dependiendo de la plaga o enfermedad a estudiar. Entre las más comunes, citaremos:

- Conteos directos: es útil para plagas de un cierto tamaño o enfermedades con sintomatologías inconfundibles.
- Captura por vareo u otro método similar sobre lona o recipientes especiales para ello. Útil para insectos también de cierto tamaño y enfermedades de fácil identificación, se usa en árboles o situaciones de difícil acceso directo.

Figura 78. Capturas con trampa suspendida.

- Toma de ramillas o ciertas partes de las plantas para conteos en laboratorio: es útil para plagas y enfermedades, siempre que no se puedan desprender en el momento de cortar la parte vegetal.
- Captura con trampas pasivas: son trampas que atrapan a las plagas a su paso o vuelo, y quedan retenidas en ellas bien con pegamentos especiales, bien con medios líquidos donde se ahogan, o incluso con insecticidas que evitan su escapada.
- Captura con trampas de luz: útiles para insectos que tienen atracción por las radiaciones lumínicas, como muchas de las mariposas nocturnas.

Figura 79. Trampa de luz.

Figura 80. Trampa de feromona de agregación.

- Capturas con feromonas: pueden ser sexuales o de agregación, y los insectos capturados serlo a muerte (con pegamentos o insecticidas) o en vivo (cajas especiales donde quedan retenidos).
- Capturas desde el medio ambiente en el que pasan parte o toda su vida (del agua, del suelo, de la madera, etc.) por técnicas especiales de laboratorio.
- Muestreos indirectos: conteo de daños, síntomas, exuvias, excrementos, nidos, frutos atacados, etc., que nos pueden dar datos importantes tanto de la presencia como de la población (y sus daños, en muchas ocasiones).

La muestra ha de ser del tamaño adecuado para poder contemplar la totalidad de los daños causados, en el caso de enfermedades, y que nos permita un posterior estudio estadístico riguroso, en el caso de plagas y enfermedades.

El muestreo ha de ser estratificado, evitando siempre el elegir sobre el terreno las situaciones que nos parezcan más representativas de lo que estamos estudiando, y sin dejarnos influir por observaciones momentáneas. Los puntos de muestreo deben abarcar toda la superficie a muestrear y todas las situaciones diferenciables, pero han de ser tales, en número e intensidad de muestreo, que hagan este posible, repetible y estable a lo largo de la duración del estudio.

Dependiendo del tipo de plaga o enfermedad a muestrear, los materiales y equipos han de ser más o menos sofisticados, pero siempre de uso fácil en campo y de suficiente rusticidad.

Normalmente, si lo que se muestrea es arbolado, hace falta un hacha o hachuela; navaja; tijeras de podar; azadilla; hipsómetro; forcípula o cinta métrica (a poder ser cinta "pi"); pértiga telescópica de 4 metros; cinta de 25 m; brújula; cartografía; prismáticos, cámara de fotos; y si es necesaria la edad, la barrena de Pressler.

Si lo muestreado es vegetación arbustiva o herbácea, basta con la hachuela, la navaja, las tijeras, la cinta métrica, la brújula, la cartografía y los prismáticos, así como la cámara de fotos.

En todos los casos son necesarias bolsas o cajas para la retirada de muestras, lupa de campo y material de escritorio para rellenar fichas, pintar croquis, etc.

Un muestreo es más eficaz cuanta más información aporte con el mismo esfuerzo de realización, por lo que a cada muestra ha de acompañarse una ficha explicativa de la misma y las máximas precisiones sobre el punto de toma, reflejadas tanto en letra como en gráficos, dibujos o croquis, que complementen la información.

1.7. Realización de conteos y tomas de muestras con técnicas y materiales adecuados

En cualquier conteo es fundamental que la información sea clara, concisa e inconfundible una vez abandonada la zona de toma de muestras, por lo que a cada muestra se ha de acompañar una ficha completa con la parcela donde se ha tomado la muestra, la fecha, la especie vegetal, los tratamientos culturales realizados hasta esa fecha (si se conocen), los posibles problemas climáticos o físicos recientes, los daños observados, etc., completada si se considera necesario con croquis, dibujos o fotografías.

Las muestras se han de tomar de tal modo que no desdibujen o desvirtúen los daños observados y, por supuesto, que no puedan ser contaminadas por otros

Ficha de campo para muestreo fitosanitario

Datos de la finca:		Tratamientos anteriores	Características dendrométricas	
Localidad			Especie	
Nombre de la finca			Diametro normal	
Propietario			Altura mts	
nº de registro			Edad	
Especie			Diametro de copa	
Superficie (ha)			Espesor corteza	
nº muestra			Otros	
Descripción muestra				

Características biomecánicas	Plagas	Enfermedades y Fisiopatías

Observaciones
Croquis (dibujar atrás)

Figura 81. Ficha modelo para muestreos.

en el transporte o manipulación. Es fundamental que abarque todas las partes de las plantas atacadas, con todos los síntomas que los vegetales presenten, ya que muchas veces se superponen más de una plaga y enfermedad.

Si se trata de enfermedades, se cogerán partes sanas y enfermas, y a poder ser zonas donde en ese momento se esté iniciando la sintomatología de la enfermedad. Si son plagas, se intentará tomar muestra de todos los estadios presentes y de los restos que se puedan localizar.

Si la muestra incluye suelo, sustratos, humus, etc. suele ser suficiente con una cantidad aproximada de 1 kg por toma, siempre de la zona próxima a las raíces y, a poder ser, incluyendo alguna de estas. Se debe tomar de varios puntos por planta, en distintas orientaciones y hasta 30 centímetros de profundidad.

Para el transporte, salvo en muy pequeñas distancias, hay que huir de bolsas de plástico cerradas, ya que se pueden producir ataques de hongos y bacterias saprofitos que enmascaran la realidad, siendo mucho más efectivas cajitas de cartón o botes de plástico no herméticos.

Para pequeñas distancias y muestras de zonas vegetales no voluminosas (hojas, ramillas, raicillas, etc.), se pueden usar pliegos de papel de estraza o incluso de periódico. Para mayores distancias o para mandar las muestras lejos, cajas de cartón, sin que las muestras estén cerradas estancas en su interior.

Para insectos y otros animales, se puede emplear el transporte en alcohol láctico, que los mantiene bien para un posterior estudio, o en su defecto, alcohol rebajado al 70 %.

1.8. Identificación de agentes parasitarios, fauna exterior, plagas, enfermedades, carencias nutricionales, malas hierbas y fisiopatías más frecuentes

En el caso de fauna exterior, plagas, enfermedades y malas hierbas, la identificación final, científicamente correcta y mundialmente aceptada, es exclusivamente su adscripción taxonómica a la especie viva a la que pertenecen y, en su caso, a su subespecie, variedad, patovar, etc., como unidades subespecíficas que pueden aportar un complemento de información. Prácticamente todos los grupos necesitan de expertos taxónomos (entomólogos, micólogos, bacteriólogos, etc.) para esta identificación.

En el caso de carencias nutricionales y de fisiopatías, no hay más remedio que acudir a los análisis químicos y físicos necesarios para poder demostrar, sin lugar a dudas, el origen real de la enfermedad.

No obstante lo anterior, las plagas y enfermedades tienen como reacción en las plantas la producción de una serie de síntomas o daños, que la experiencia ha ido ligando a los organismos o efectos que los generan y que en muchos casos son suficientes para la correcta identificación.

Así, en el caso de las plagas, una primera aproximación muy usada en la bibliografía, aunque científicamente muy poco fiable, es la diferenciación de las plagas de acuerdo al huésped atacado, diferenciando normalmente grandes grupos del tipo:

- Plagas de coníferas (por géneros).
- Plagas de frondosas (por género o especies).
- Plagas agrícolas (normalmente se especifica por especie vegetal atacada).
- Plagas de arbustos y matas.
- Plagas de cultivos industriales e invernaderos.
- Plagas de graneros y almacenes.
- Plagas del jardín.
- Plagas de céspedes.
- Etc.

Esta clasificación es útil, pero en todos los casos anteriores existen especies que atacan a más de una de ellas, que suelen englobarse en un apartado de "plagas polífagas".

Otra clasificación, basada en las características anatómicas de las plagas, es por su forma de actuar:

- Plagas defoliadoras.
- Plagas perforadoras (madera, frutos, etc.).
- Plagas minadoras (hojas, flores, etc.).
- Plagas chupadoras.
- Etc.

Basado en la biología de cada especie, las plagas se pueden clasificar por la zona que atacan:

- Radicícolas.
- Xilófagos (madera viva y madera muerta).
- Defoliadores.
- Antófagos (flores).
- Carpófagos (frutos).
- Yemicícolas.
- Cortícolas (cortezas).
- Etc.

Por último, muchas plagas se identifican de modo indirecto por los daños o estructuras que producen, como la procesionaria del pino por sus bolsones, los escolítidos por sus galerías, etc.

En el caso de las enfermedades, la localización e identificación de campo es siempre por sus síntomas; algunos ya hemos visto que son diferenciales, como los mildius, oídios, carbones, fumaginas, etc.; otros son menos específicos, dividiéndose según las partes atacadas y los síntomas visibles (cambios de color, necrosis, deformaciones, hiperplasias en hoja, tronco, ramas, raíces, flores o frutos, enanismos, exudados, clorosis, etc.) dando idea de qué tipo de enfermedad es la que puede causar los síntomas, lo que unido a la planta o plantas atacadas (igual que las plagas), puede llevarnos a una identificación provisional.

En el caso de carencias y fisiopatías, algunas veces los síntomas son también fáciles de referenciar al ajuste causal (heladas, sequías, rayos, etc.) pero otras veces se trata de síntomas comunes (clorosis, enanismos, cambios cromáticos o de tamaños, falta de floración o fructificación, etc.), que hacen imposible un diagnóstico certero sin un estudio previo de la situación.

La identificación de malas hierbas exige casi siempre buenos conocimientos botánicos, pues la variedad de vegetales que pueden ser considerados malas hierbas es muy amplia según los casos. Normalmente cada cultivo y cada zona sufren ataques de especies conocidas de ciclos más cortos que los cultivos invadidos y muy oportunistas, y que es necesario conocer. Si bien no tiene valor científico ninguno, las malas hierbas se suelen diferenciar como "hoja ancha" y "hoja estrecha", lo cual es útil para la elección de herbicidas, que se comercializan muchas veces (sobre todo en cereales y céspedes) atendiendo a esta clasificación.

Para las especies de hoja estrecha (casi siempre gramíneas, como la avena loca y la grama) y ciperáceas (como la juncia), se suelen emplear herbicidas sistemáticos, ya que los de contacto tienen poca superficie de actuación y pueden dar peores resultados.

Las especies de hojas ancha son más fáciles de combatir con herbicidas de contacto, y pueden ser cantidad de familias diferentes; en algunos casos incluso plantas perennes o arbustivas, aunque lo normal es que sean anuales como la amapola, el trébol, el falso trébol, etc.

2. Métodos de control de plagas

Contenido

Introducción

Desde hace más de 7.000 años, con la aparición de la agricultura, el hombre ha competido con plagas y enfermedades por los beneficios de los vegetales, en una batalla que aún no está ni mucho menos resuelta a nuestro favor.

Hasta hace relativamente poco tiempo, las plagas, enfermedades y daños abióticos, especialmente los catastróficos, se consideraban avisos o castigos de los dioses y, por tanto, poco o nada se podía hacer para evitarlos. Solo la oración, la magia o en algunos casos remedios caseros más o menos sensatos o peregrinos, eran inventados para intentar combatirlos, como es lógico casi siempre sin éxito ninguno, que no fuera debido a la evolución natural de la situación.

Desde el siglo XIX, y en especial a lo largo del siglo XX a partir del descubrimiento del poder insecticida del DDT (primer insecticida de síntesis), se ha ido tecnificando el combate contra los enemigos de los vegetales, ampliando cada vez más los sistemas de control, y dando, desde finales del siglo XX, un auge importantísimo a los medios de control basados en procesos naturales o sistemas de bajo impacto en el medio natural.

2.1. Métodos físicos

2.1.1. Barreras (mallas, plásticos, etc.)

Las barreras físicas se utilizan para intentar evitar que las plagas y las enfermedades puedan ponerse en contacto con los cultivos a proteger, o para impedir la culminación de alguno de sus estadios.

Por la gran dispersión de las enfermedades bióticas, las barreras solo se utilizan contra plagas y malas hierbas, y aún en estos casos, su eficacia es limitada a pequeñas superficies o, más comúnmente, a invernaderos.

Las mallas se utilizan para evitar que los insectos alcancen las plantas, bien en pequeñas porciones de terreno, bien en invernaderos donde se recubren todas las ventanas y tomas de aire. En el primer caso se pueden presentar problemas de iluminación y en el segundo de aireación.

En algunas producciones de alta calidad y precio, y muchas veces en cultivos de fruta o uvas de uso doméstico, se enmallan fruto a fruto o racimo a racimo para evitar daños de pájaros e insectos, con un coste muy elevado. También es relativamente normal el enmallar arbolillos frutales enteros, como cerezos, ciruelos, higueras, etc. con el mismo fin.

Figura 82. Protección física contra conejos y roedores.

Figura 83. Fresón en cultivo con plásticos (Foto: J. Ignacio Cadahía).

Los plásticos en el suelo se utilizan también en explotaciones de tamaño no muy grande, y sirven para evitar pérdida de agua por evaporación, evitar el contacto de la cosecha con el suelo por problemas de pudriciones, y evitar o dificultar la posibilidad de plagas de gusanos blancos, gusanos de alambre, rosquillas, etc.

Los plásticos evitan también la competencia de las malas hierbas, tanto por el agua como por los nutrientes.

Otros medios físicos de barrera, como el uso de tablones, tiras metálicas o de plástico, etc. para evitar malas hierbas estoloníferas, se han dejado de utilizar, salvo con fines ornamentales o de recuerdo histórico, rememorando antiguas técnicas fitosanitarias ya en absoluto desuso.

2.1.2. Trampas cromotrópicas

Las trampas cromotrópicas son pequeñas superficies de plástico (rara vez de cartón o metal), que van recubiertas de un pegamento que no se seca con el aire y que tiene gran duración en estado pegajoso en el medio ambiente. Son de

Figura 84. Trampas cromotrópicas (Foto: J. Ignacio Cadahía).

un color atractivo para los insectos (siempre adultos voladores) a controlar. Dos son los colores más utilizados: los amarillos y los azules.

Las trampas amarillas son las más atractivas para muchos de los insectos que tienen este comportamiento, y se utilizan tanto en invernaderos para control y monitoreo, como en campo (en este caso casi en exclusiva para monitoreo). Atraen especialmente a dípteros, microlepidópteros, pulgones y moscas blancas.

Las trampas azules, mucho menos comunes, son especialmente atractivas para los *trips*.

En los dos casos, los insectos quedan pegados en la trampa, donde mueren y pueden ser extraídos para su conteo con fines de monitoreo, o directamente con fines de eliminación para su control.

2.1.3. Desinfección de suelos (solarización, vapor de agua, etc.)

La desinfección de suelos es una de las operaciones más difíciles y costosas en agricultura, ya que la masa (y el volumen) a tratar es muy grande, en especial si se quiere alcanzar una cierta profundidad.

Figura 85. Máquina de tratamiento de suelo.

Los tratamientos químicos son siempre peligrosos, pues las arcillas principalmente fijan los coloides del suelo y pueden retener los productos químicos más tiempo del deseado. Por otra parte, los movimientos en el suelo del agua y las posibles sustancias en disolución, son siempre difíciles de conocer y, por supuesto, de controlar.

Por todo ello, los métodos físicos, pese a ser caros, no han perdido vigencia y se siguen utilizando, aunque siempre en pequeñas superficies, basados en la destrucción de los patógenos por el calor.

La solarización consiste en hacer subir la temperatura del suelo gracias a la energía del sol, a base de cubrirlo con plásticos transparentes de polietileno en el verano.

Dado que las temperaturas que se consiguen son letales o sub-letales de larga duración, el método solo es aplicable a suelos antes del cultivo, ya que si se realiza correctamente acaba con insectos, hongos, malas hierbas y semillas.

Para que la eficacia sea máxima, el suelo ha de estar húmedo hasta los 50 cm de profundidad (lo que se puede lograr con un riego previo), y el tratamiento prolongado de 1,5 a 2 meses.

La eficacia disminuye si las láminas de plástico no están bien ancladas al suelo y tensas, y en especial si son movidas por el viento.

Las desinfecciónes con vapor de agua tienen los mismos efectos positivos y afectan a los mismos patógenos. No necesitan de plásticos y su duración en el tiempo es muy inferior, pero tienen el problema de necesitar gran cantidad de energía para calentar el agua y distribuir el vapor, y pueden afectar a la estructura de los suelos, sobre todo si son arcillosos.

Dado que el vapor de agua puede contribuir a la disolución de sales del suelo, es conveniente dejar pasar unos días antes de realizar la plantación, o dar algún riego de lavado.

La desinfección se puede realizar también con aire caliente, aunque tiene menor poder calorífico y se enfría más rápidamente. Este sistema es más útil para invernaderos, donde las instalaciones ya pueden estar preparadas para su distribución desde el interior del suelo o sustrato.

Pruebas de desinfección de suelos con microondas o con otras radiaciones han dado buenos resultados en laboratorio, pero aún no se encuentran en el mercado de manera comercial.

2.2. Prácticas culturales

2.2.1. Laboreo

El laboreo es una técnica agrícola usada desde la más remota antigüedad, con diversos medios que han ido evolucionando y mejorándose, pero siempre con el fin de preparar de un modo óptimo el terreno, para poder asentar de la mejor manera posible el cultivo deseado.

El fin principal del laboreo es, por tanto, conseguir un suelo con la estructura y densidad mejor para la vegetación, de modo que permita la aireación de las raíces y a la vez facilite la retención de agua y la absorción de los nutrientes.

Solo de manera secundaria el laboreo es un método de defensa fitosanitaria, pero es indudable que al fortalecer a las plantas, ya de por sí, evita plagas y enfermedades oportunistas o de debilidad, que en otra situación podrían aparecer.

También al aumentar la porosidad y drenaje de los suelos hace más difícil la pudrición de raíz y los ataques de hongos y *Oomycetes*, que necesitan encharcamientos para actuar.

Las labores de suelo eliminan la competencia de las malas hierbas y destruyen gran cantidad de insectos que invernan en el suelo, y que son eliminados directamente o se les impide su avivamiento y salida posterior.

Muchas larvas, como los gusanos de alambre, no soportan la falta de humedad, muriendo en masa tras labores que las pongan en contacto con la superficie o desequen el suelo donde viven.

2.2.2. Abonado y enmiendas

Como ya se ha citado con anterioridad, las plantas necesitan una serie de elementos (macronutrientes y micronutrientes) en cantidad suficiente, y una estructura y pH determinados, para poderse desarrollar.

Cualquier desviación de los valores necesarios produce enfermedades o fisiopatías, que pueden llegar a la muerte, y además predisponen a los vegetales a ataques bióticos de plagas y enfermedades, así como aumentan su sensibilidad a otras fisiopatías.

Abonados y enmiendas bien realizadas, son por tanto un magnífico sistema secundario de protección vegetal, aunque este no sea su fin primordial.

Por otra parte, abonados excesivos, en especial de micronutrientes, ya hemos citado que pueden ser causa de fisiopatías graves. En el caso de macronutrientes, como el nitrógeno, pueden aumentar la sensibilidad de ataques de hongos.

2.2.3. Riego y drenaje

Al igual que en los casos anteriores, el riego y el buen drenaje del suelo son condiciones imprescindibles para la vida vegetal, por lo que sus deficiencias producen inmediatamente fisiopatías, por defecto o por exceso, que pueden acabar con la muerte de la plantación.

Desde el punto de vista de defensa vegetal, hay que tener en cuenta que muchos patógenos utilizan el agua como medio de transporte de sus inóculos por lo que hay que adecuar a ello el sistema de riego si se está en situación de riesgo. Igualmente, el agua de riego puede

Figura 86. Riego tradicional por caceras.

Figura 87. Moderno sistema de riego, que permite fertirrigación y tratamientos fitosanitarios.

ser un magnífico medio de distribución de algunos productos fitosanitarios de desinfección de suelos o de absorción por la raíz, pero también de productos tóxicos como ya se ha visto.

La falta de drenaje favorece pudriciones y enfermedades tan graves como *Phytophthora* o *Armillaria*, por lo que un buen drenaje es fundamental.

2.2.4. Poda

La poda es la labor cultural consistente en la eliminación de alguna parte de una planta, que consideramos que molesta para el fin esperado de ese vegetal.

Normalmente la palabra poda se utiliza para designar la eliminación de partes leñosas, aplicándose otros términos específicos cuando lo eliminado son hojas, tallitos, yemas, flores, frutos en formación, etc.

Existen muchos tipos de podas, según el fin perseguido: podas de formación, de fructificación, de limpieza, de regeneración, estéticas (jardineras y "topiarias"), de resubido forestal, etc. Todas ellas pueden tener un fin secundario de defensa vegetal, al tenderse siempre a eliminar lo menos sano del vegetal y darle fortaleza y vigor (salvo podas con otros fines), pero existen también podas cuyo fin primordial es la eliminación de plagas o enfermedades y son las conocidas como podas sanitarias.

Las podas sanitarias eliminan las partes vegetales atacadas por patógenos, o aquellas que sufren daños irremediables de diversas fisiopatías, y son un medio tanto de control directo como de eliminación de inóculos para futuras reinfecciones.

Figura 88. Poda de saneamiento.

Las podas en general y, cuando es posible, las podas sanitarias en particular, han de evitar causar heridas grandes, que tarden en cicatrizar, ya que estas son la entrada principal de gran cantidad de enfermedades (y el aviso para muchas plagas), haciendo bueno muchas veces el dicho de que "es peor el remedio que la enfermedad".

Las podas, en cualquiera de sus variedades, suelen ser necesarias para una correcta vegetación, pero el podador, que siempre ha de ser un experto en la materia, ha de ser consciente de que una poda mal realizada es irremediable, y el árbol puede tardar muchos años en rehacerse del daño o no lograrlo ya jamás.

2.2.5. Escardas

El nombre deriva de eliminar los cardos, y por extensión se llama "escardar" a eliminar la vegetación no deseada de una plantación.

La escarda consiste, por tanto, en la eliminación de las "malas hierbas" entendidas como vegetación invasiva y competitiva del cultivo en cuestión.

La escarda se justifica por la posible competencia por luz, agua, espacio y nutrientes entre la vegetación invasora y la plantación a defender, y puede realizarse por medios mecánicos, físicos (ya vistos) o químicos (herbicidas).

La escarda contribuye a la sanidad vegetal al fortalecer a la especie cultivada, y por evitar que las malas hierbas puedan ser usadas como refugios o alimentación sustitutiva de plagas y enfermedades. Pero también elimina protección a los parásitos y predadores de plagas, en un efecto negativo, que en algunos cultivos o aplicaciones de lucha biológica hay que evaluar.

2.2.6. Rotación de cultivos

La rotación de cultivos es solo aplicable a especies vegetales de ciclos cortos, ya que en frutales, forestales y árboles en general, los turnos son tan largos que es una técnica casi imposible de aplicar.

La rotación de cultivos es conveniente, pues cada planta tiene unas necesidades alimenticias diferentes y puede tomar alimento de diversas profundidades del suelo, de modo que cultivos con raíces profundas, liberalizan sustancias alimenticias que suben a capas superficiales, que luego pueden ser usadas por otros cultivos.

En algunos suelos poco fértiles, es conocida la técnica del barbecho, dejando "descansar" al suelo una serie de años, para después volver a cultivar.

En algunas ocasiones, la rotación de cultivos incluye especies como las leguminosas, que por su poder de fijar nitrógeno atmosférico ayudan a aumentar la fertilidad.

Desde el punto de vista de la fitosanidad, la rotación de cultivos puede ser un arma muy eficaz contra muchas plagas y enfermedades que dependen de una sola planta o un grupo restringido de ellas para poder vivir y, en especial, si son parásitos estrictos, ya que al cambiar la planta cultivada por otra no sensible, se ven obligados a migrar o morir. Por supuesto, para que la rotación de cultivos sea efectiva, los agentes parásitos de las plantas en rotación no pueden coincidir.

Si las plagas y enfermedades pasan por fases saprófitas, son muy polífagas o tienen un gran poder de enquistamiento, el método de rotación de cultivos se hace cada vez menos práctico, siendo inútil cuando el patógeno puede sobrevivir diez o más años sin la primitiva vegetación. En otros casos [4-5 años] la eficacia no es total, pero puede disminuirse el efecto de la plaga o enfermedad, al reducirse el inóculo y lograrse, si no un éxito total, sí una cierta sanidad fácilmente mejorable con otros métodos de control.

2.2.7. Uso de variedades resistentes y plantas transgénicas

También desde el principio de la agricultura, el hombre ha ido seleccionando las mejores variedades vegetales para ir optimizando los resultados obtenidos. Las mejoras, muchas veces inconscientes o casuales, han ido logrando variedades más adaptadas a las condiciones climáticas y edáficas de cada zona; vegetales de mejor y mayor producción y plantas más resistentes a las plagas y enfermedades endémicas más dañinas.

Desde mediados del siglo XX, y con el gran aumento de los conocimientos de la genética, se han ido logrando variedades resistentes a plagas y enfermedades, de modo que los agricultores plantan conociendo las posibles resistencias a los principales patógenos. Desgraciadamente, suelen ser plantas resistentes a algunas, pero no a todas las plagas y enfermedades que acechan al cultivo.

La obtención de variedades resistentes, en especial a enfermedades de difícil o imposible control como virus y *mollicutes*, ha revolucionado la agricultura, aumentando en algunos casos las producciones de modo espectacular. Como ejemplo, en EE. UU., en algunos cultivos como la alfalfa, las semillas resistentes llegan ya casi al 100 % de lo plantado.

El método es mucho más difícil para cultivos arbóreos y forestales, ya que la larga duración de sus ciclos reproductivos hace muy larga y costosa la investigación (no obstante, y como ejemplo, la epidemia de grafiosis agresiva que asola Europa, ha hecho que muchos científicos estén en este momento siguiendo esta línea de investigación, como único remedio a largo plazo para el control de la enfermedad).

Muy recientemente y ante la posibilidad de manipular de modo controlado los genes de las células reproductivas, se han empezado a lograr vegetales manipulados genéticamente (llamados transgénicos) en un proceso mucho más rápido que la selección anterior, y donde se introducen el gen o los genes deseados en las semillas, que luego dan plantas con los efectos buscados, entre otros, la resistencia a plagas o enfermedades y una mayor o mejor producción.

Estos genes muchas veces proceden de otras especies distintas (de aquí el nombre de "transgen"), vegetales, animales, bacterias, hongos, virus, etc. y eso ha hecho que mucha gente, entre la que también se cuentan científicos e investigadores, hayan dado la voz de alarma, ya que a los efectos positivos evidentes hay que sumar una serie de riesgos, difícilmente evaluables hoy por hoy, como su impacto en el medio ambiente, en la salud y la concentración de poder en las grandes multinacionales que dominan completamente el mercado de estas semillas.

2.3. Lucha química

2.3.1. Definición

Se entiende por lucha química a la utilización de productos químicos de muy diversa naturaleza, muchos de ellos de síntesis (es decir, producidos por el hombre), para la prevención y combate de los agentes patógenos a la vegetación.

Si bien ya en la antigüedad se usó azufre para combatir a los hongos, y con posterioridad productos como la brea, arsenicales, etc., es a partir de la Segunda Guerra

Mundial, con el descubrimiento del poder insecticida del DDT, cuando esta lucha tiene un gran auge, tanto en productos a emplear como en medios de aplicación.

Toda actuación fitosanitaria debe ser precedida por un conocimiento total y exhaustivo de la Legislación vigente en la materia, y en especial del Real Decreto 1311/2012 de uso sostenible de productos fitosanitarios, y sus posteriores modificaciones hasta su texto actual, vigente desde el 20-2-2016 y de la Ley 43/2002, de Sanidad Vegetal, en su última revisión, vigente desde el 6 de marzo de 2011.

2.3.2. Fundamentos

La lucha química se fundamenta en la necesidad de proteger los cultivos contra los muchos enemigos biológicos con los que cuentan, de modo que hoy por hoy es imposible la alimentación humana sin este sistema de control.

El descubrimiento de sustancias de síntesis con poder insecticida, como el DDT, y después otras que atacaban con éxito aparentemente total a otras plagas y enfermedades como los hongos, bacterias, nematodos, limacos, ácaros, etc., pareció por un breve tiempo que podría solucionar todos los problemas, basándose en que estas sustancias son baratas, relativamente fáciles de producir, fáciles de aplicar, de respuesta casi inmediata, y casi todas poco tóxicas para el hombre, o al menos de peligrosidad controlable.

La realidad ha hecho ver que la lucha química también tiene graves inconvenientes, como la aparición de plagas y enfermedades resistentes, la aparición de organismos oportunistas más resistentes que sustituyen a los combatidos y, especialmente, sus efectos no deseados sobre el medio ambiente, que pueden, de modo indirecto, repercutir en el combate de plagas por eliminación de parásitos y predadores, e incluso en el hombre por toxicidades crónicas o por residuos y contaminación.

Dada la necesidad de su utilización hasta que otros sistemas con menos inconvenientes puedan sustituirla, la lucha química ha de programarse con suma precaución y estudios previos rigurosos, en lo que se ha dado en llamar “control químico racional”.

2.3.3. Técnicas utilizadas

Los productos químicos fitosanitarios pueden presentarse en los tres estados de la materia: sólidos, líquidos y gaseosos. Dentro de los dos primeros, aparecen con diversos tamaños de aplicación, lo que nos obliga a distintas técnicas de tratamiento.

Las principales técnicas utilizadas son:

- **Polvos para espolvoreo en tierra**: el producto fitosanitario impregna un polvo inerte, normalmente polvo de talco, a una dosis determinada y conocida, para poder ser aplicados directamente con la maquinaria adecuada. Los polvos para espolvoreo terrestre tienen una partícula muy fina (menor de 50 micras), para poder formar una nube homogénea de tratamiento. Salvo en casos muy concretos como el azufre, o tratamientos domésticos, están en claro retroceso.

- **Polvos para espolvoreo por avión o helicóptero**: son iguales a los anteriores, pero de mayor tamaño (entre 50 y 100 micras) para "caer" bien desde el aparato de aplicación, sin que exista excesiva deriva. Hay que tener en cuenta que la legislación actual (Real Decreto 1311/2012 y sus actualizaciones posteriores) prohíbe, salvo casos excepcionales, las aplicaciones aéreas, definidas en su artículo 3 como "la aplicación de productos fitosanitarios desde una aeronave, bien sea avión, helicóptero, o cualquier otro medio aéreo que pudiera surgir por los avances científicos o técnicos", lo que incluye a los drones, utilizados en algunos casos en la actualidad. Su utilización queda supeditada a los casos autorizados en el Real Decreto 1311/2012 de uso sostenible de productos fitosanitarios, y sus posteriores modificaciones hasta su texto actual, vigente desde el 20-2-2016.

- **Microgranulados y granulados**: son partículas sólidas de mucho mayor tamaño, que no tienen ninguna deriva, por lo que se utilizan para herbicidas y abonados. Los microgránulos están comprendidos entre 100 y 200 micras, y los granulados son mayores de 200 micras (0,2 mm).

- **Pulverización de líquidos**: el producto fitosanitario, sólido o líquido, se mezcla con un líquido (normalmente agua pero puede ser otro, tipo aceites o gasóleo) formando una disolución o emulsión, que ha de ser estable.

  Dependiendo del tamaño de gota, la pulverización es más pesada o ligera, pero lo normal es usar gotas desde 50 micras (muy finas y con mucha deriva) hasta 800 micras (muy gruesas y de caída muy rápida), aunque casi siempre están entre 125 y 250 micras.

  En algunos casos, y especialmente en referencias antiguas, se cita a veces tratamientos a "volumen normal"; este término se usaba para una dosis de 1.600 l/ha para frutales, por tierra, y de 1.000 l/ha para cultivos herbáceos, cantidades hoy en día excesivas y que rara vez se utilizan con la maquinaria actual.

  Dependiendo del caldo gastado se habla de pulverizaciones a alto volumen (más de 400 l/ha), de bajo volumen (BV), cuando se lanzan de 400 a 20 l/ha (por tierra normalmente 100-200 l/ha y por avión de 20 a 100 l/ha) y de ultrabajo volumen (UBV, o en inglés ULV) cuando se trata con menos de 20 l/ha. En este caso, normalmente con dosis de 5 l/ha o incluso de 1 l/ha, exigiendo entonces maquinaria muy sofisticada o medios aéreos.

- **Nebulización**: las partículas de producto, pequeñísimas (de unas 30-50 micras), se distribuyen arrastradas por una fuerte corriente gaseosa (normalmente aire) formando una fina niebla que penetra en el interior de todos los recovecos del vegetal.
- **Aerosoles**: partículas más pequeñas aún (de 30 a 0,5 micras). Se utiliza solo en locales cerrados.

Figura 89. Tratamiento aéreo.

Figura 90. Tratamiento por pulverización.

- **Fumigaciones**: el producto a aplicar es un gas tóxico para la plaga o enfermedad, o causa en ellos el efecto deseado. Puede venir ya formulado así, o producirse *in situ* por alguna reacción química controlada o por combustión. Se utiliza en locales cerrados y ya rara vez en pleno campo, con lonas o plásticos que cubren los vegetales a tratar.

  La utilización generalizada del término fumigación para cualquier tratamiento fitosanitario es errónea, pues como hemos visto, solo los gases se "fumigan" y, por tanto, no debe ser empleada nada más que en este caso.

- **Cebos**: el producto fitosanitario se distribuye con alguna sustancia muy atrayente para las plagas, de modo que se aumenta la posibilidad de ponerlos en contacto (muchos cebos lo son con productos de ingestión).

- **Endoterapia**: el producto, en forma líquida, es introducido por presión dentro del vegetal (que ha de ser leñoso) para su distribución por el sistema conductor de la planta hasta el punto que sea necesario.

Para cualquier tratamiento fitosanitario, hay que tener en cuenta el Real Decreto 1311/2012, de 14 de septiembre, por el que se establece el marco de actuación para conseguir un uso sostenible de los productos fitosanitarios, cuya última actualización es de 29-12-2022, con entrada en vigor el 1-1-2023.

2.4. Control integrado

2.4.1. Definición

El control integrado de plagas fue definido por la FAO en 1968 como el "sistema de regulación de poblaciones de plagas que teniendo en cuenta el medio particular y la dinámica de las poblaciones consideradas utiliza todas las técnicas y medios apropiados, de forma tan compatible como sea posible y mantiene las poblaciones de esas plagas a niveles tales que no causen daños económicos".

El Real Decreto 1311/2012, de 14 de septiembre, por el que se establece el marco de actuación para conseguir un uso sostenible de los productos fitosanitarios, y sus posteriores modificaciones hasta su texto actual, vigente desde el 20-2-2016 define en su Artículo 3, letra f, como:

"Gestión integrada de plagas": el examen cuidadoso de todos los medios de protección vegetal disponibles y posterior integración de medidas adecuadas para evitar el desarrollo de poblaciones de organismos nocivos y mantener el uso de productos fitosanitarios y otras formas de intervención en niveles que están económica y ecológicamente justificados y que reduzcan o minimicen los riesgos para la salud humana y el medio ambiente. La gestión integrada de plagas resalta el crecimiento de un cultivo sano con la mínima alteración posible de los agrosistemas y promueve los mecanismos naturales de control de plagas. Esta definición se vuelve a repetir literalmente en la legislación de uso sostenible de productos fitosanitarios actualmente en vigor, ya citada.

Definición, como vemos, muy en línea con la anterior de la OILB (Organización Internacional de Lucha Biológica) que define el "manejo integrado de plagas" como "la lucha contra organismos perjudiciales utilizando un conjunto de métodos que satisfagan las exigencias económicas, ecológicas y toxicológicas, reservando la prioridad a los elementos naturales de control, respetando los límites de tolerancia".

Es de destacar que cada definición supera a la anterior en la defensa del medio ambiente, y que en las tres se trata de controlar poblaciones, no de eliminarlas, y de usar todos los medios de lucha, utilizando la lucha química solo cuando no hay más solución, habiendo estudios de la zona en concreto y de su ecosistema con profundidad.

2.4.2. Metodología

La lucha integrada se basa en la aplicación de cinco principios:

- Buenas prácticas agrícolas o forestales (prevención).
- Estudio constante de la situación fitopatológica de las plantas (seguimiento).
- Toma de decisiones si la situación no es óptima.
- Intervención.
- Evaluación de resultados y conclusiones.

En principio, la aplicación de un programa de lucha integrada tiende a la producción de una agricultura de calidad, que cumple todos los requerimientos del mercado y por supuesto legales, a base del control de sus enemigos de modo tan compatible con la no intervención química como sea posible.

- **Buenas prácticas agrícolas o forestales**

  Como ya se ha comentado en otros apartados, las buenas prácticas son fundamentales para un buen control fitosanitario. Con riegos, abonados equilibrados, rotación de cultivos, etc., bien realizados se pueden evitar o minimizar muchos daños de plagas y enfermedades.

- **Estudio constante de la situación fitopatológica de las plantas**

  En muchas plagas y enfermedades, el poder actuar al inicio del ataque, o en una primera generación, puede evitar daños esperables mucho más graves y hacer los tratamientos necesarios más económicos y ecológicos, o incluso evitarlos con técnicas culturales o no contaminantes.

El estudio y conocimiento en tiempo real de la situación exige la presencia de personal perfectamente preparado en sanidad vegetal a nivel técnico.

- Toma de decisiones

  Es el momento crucial de la lucha integrada, y consiste en decidir la intervención o no intervención, una vez detectada una plaga o enfermedad.

  El criterio técnico es fundamental, pero no suficiente, ya que hace falta también un profundo conocimiento de la zona en cuestión, su posible fauna auxiliar, su microclima, y la experiencia de ocasiones parecidas del pasado, para poder decidir con acierto no solo la intervención, sino los posibles métodos a emplear.

- Intervención

  Una vez decidida la realización de algún tratamiento o técnica de control, la puesta en marcha de la misma ha de aplicarse con total rigor y bajo estricto control técnico.

- Evaluación de resultados y conclusiones

  Es imprescindible para cada intervención conocer los resultados reales, compararlos con los resultados esperables y ver a qué se debe la desviación (positiva o negativa), si es que se produce, para poder añadirlo a la experiencia local y utilizarlo en posteriores tomas de decisión.

2.4.3. Técnicas utilizadas

Como explica la definición, la lucha integrada utiliza "todas las técnicas y los medios apropiados, de la manera más compatible posible". Por tanto, cualquier técnica agrícola o forestal que mejore las condiciones de vida de los vegetales es un claro componente de la lucha integrada.

Además, podemos contar con las siguientes técnicas:

- Lucha preventiva (buenas prácticas).
- Lucha química.
- Lucha física y mecánica.
- Lucha biológica.
- Lucha por métodos legales.

2.4.4. Productos autorizados

Todos los productos empleados en control integrado han de ser, por supuesto, legales en el país donde se han de aplicar. En el caso de España y Europa, deben cumplir la legislación ya citada, y, a ser posible, estar dentro de los productos clasificados como "sustancias activas de bajo riesgo". Si algún producto fitosanitario contiene microorganismos, hay que tener en cuenta el Reglamento UE 2022/1440, que modifica el 284/2013, de acuerdo a los últimos conocimientos científicos sobre el tema.

En principio todos los productos de origen natural (y los de síntesis que son respetuosos con el medio ambiente) y selectivos, pueden ser utilizables. Pero son las Comunidades Autónomas, como autoridades competentes, las que marcan para sus producciones integradas los productos que pueden o no utilizarse y en qué casos, publicando listas de productos autorizados para esa Comunidad Autónoma por cultivos y, dentro de estos, por plagas o enfermedades.

2.4.5. Agrupaciones para el tratamiento integrado en agricultura (atrias)

Las ATRIAS, Agrupaciones para el Tratamiento Integrado en Agricultura, aparecen en Andalucía en 1979 y su regulación actual emana de la Orden Ministerial del MAPA de 17 de noviembre de 1989, publicada en el BOE del 22 de noviembre de 1989 y vigente de acuerdo a la Ley 43/2002 y que, de acuerdo con las Comunidades Autónomas, crea un programa con los siguientes objetivos:

A. Puesta a punto y aplicación de las técnicas de lucha integrada y utilización racional de los productos y medios fitosanitarios.

B. Fomento del personal técnico y especializado en la dirección y aplicación de dichas técnicas.

C. Fomento de las agrupaciones de agricultores para la realización de tratamientos fitosanitarios integrados (ATRIAS).

En dicha Orden se regulan las ayudas económicas a las ATRIAS, que han de reunir las siguientes condiciones:

- Estar constituidas libremente por agricultores cuyos predios integran una superficie mínima que garantice la máxima eficacia de las técnicas de lucha a aplicar.
- El número mínimo de agricultores será de 10.
- Se acatarán las condiciones del reglamento de régimen interno, y cada ATRIA estará regida por un Presidente, un Secretario y un Tesorero.

- La forma jurídica ha de disponer de capacidad de contratación.
- Hay un compromiso de suscribir un contrato laboral con el técnico que dirigirá la lucha contra las plagas.
- Regula las ayudas y subvenciones, dando prioridad a los que contraten a un técnico menor de 25 años y que lleve más de doce meses en paro.

Las ATRIAS aportan al agricultor un soporte técnico para control de plagas y enfermedades, del que normalmente carece, y aúnan superficies suficientes para optimizar los resultados de los tratamientos, siendo por tanto una herramienta fundamental del control integrado.

2.4.6. Agrupaciones para la producción integrada en agricultura (apis)

Las APIS son la consecuencia lógica de las ATRIAS, donde no solo se aborda de un modo racional el control de plagas, sino toda la explotación en general, de acuerdo a la definición de "Producción Integrada" de la OILB, que la define como: "sistema de producción sostenible de alimentos de alta calidad mediante métodos respetuosos con el medio ambiente, y manteniendo los ingresos de la explotación".

Las APIS se crean por Decreto de las Comunidades Autónomas, con una legislación general para cada Autonomía, y unos decretos específicos para cada cultivo, emanados todos ellos del Real Decreto 1201/2002 por el que se regula la producción integrada de productos agrícolas.

La adscripción a una API da derecho a los beneficios correspondientes y a poder utilizar el logo autonómico único, o de cada cultivo según los casos, como marca legal de garantía de calidad.

Figura 91. Diversos logos de APIS.

Los principales principios que asumen las APIS son:

- Conservación al máximo de todos los recursos naturales.
- Reducción de todos los impactos negativos sobre el medio ambiente.
- Uso racional de productos fitosanitarios y abonos.
- Creación de ecosistemas agrarios estables.
- Gestión de residuos.
- Mejora de la biodiversidad y del medio en general.
- Mantener los ingresos de la explotación.

2.5. Lucha biológica

2.5.1. Definición

La lucha biológica es el control de plagas y enfermedades a base de otros seres vivos que se alimentan de ellos o los destruyen, colaborando así al mantenimiento de densidades poblacionales aceptables en el fitopatógeno.

La lucha biológica es por tanto otra de las herramientas, fundamental y de gran futuro, en el control integrado de plagas y enfermedades, ya que se basa en las propias relaciones que se establecen entre presas, predadores, parásitos y enfermedades, en este caso de los organismos nocivos a combatir.

Dado el gran poder de adaptación de los organismos usados en lucha biológica, como son los insectos, ácaros, nematodos, hongos, bacterias y virus, es imprescindible un profundo conocimiento del ecosistema y de las posibles interacciones antes de realizar sueltas masivas, que en caso de estar mal evaluadas pueden causar daños ecológicos irreparables, muy superiores a los beneficios del control esperado.

La lucha biológica, como parte del funcionamiento del ecosistema, abre un campo inmenso de aplicación e investigación en el control fitosanitario y, sin duda, será una herramienta fundamental en las técnicas de combate del inmediato futuro.

5.2. Fauna auxiliar o enemigos naturales (parásitos, depredadores y microorganismos)

En lucha biológica se denomina fauna auxiliar a los organismos vivos del reino animal que pueden actuar contra las plagas y las enfermedades, siendo por tanto aliados de nuestro combate contra ellas.

Si bien muchos grupos de animales pueden actuar o alimentarse sobre otros seres vivos, entre ellos los perjudiciales para los vegetales, en lucha biológica los más útiles son los insectos, ácaros, nematodos y, en mucha menor medida, algunas aves.

El concepto de enemigo natural es más amplio, ya que incluye además organismos de otros reinos, también aliados en nuestra lucha, como son hongos, bacterias y virus.

Los principales enemigos naturales de las plagas y enfermedades vegetales se pueden agrupar en tres categorías:

- **Parásitos**: son seres que se alimentan de un patógeno durante un período largo de su vida, necesitando para su desarrollo uno o pocos individuos de la plaga, a los que provoca la muerte. Pueden ser endoparásitos, si se alimentan en el interior del patógeno, o ectoparásitos, si el daño lo realizan desde el exterior.
- **Depredadores**: son organismos, normalmente del reino animal, que se alimentan de especies patógenas, necesitando siempre consumir más de un individuo [y normalmente muchos] para poder completar su ciclo vital.
- **Microorganismos**: son organismos microscópicos que causan enfermedades mortales en los fitopatógenos a combatir.

La dificultad de manejo de estos seres, todos ellos microscópicos, hace que su utilización se realice con formulaciones ya preparadas, conocidas como formulaciones biológicas, productos biológicos o "bioplaguicidas"; y en el caso del

Figura 92. Himenóptero parásito de una puesta de mariposa.

combate contra insectos, como "bioinsecticidas" o insecticidas biológicos, hoy por hoy mucho más desarrollados que para otros grupos patológicos.

En todas las ocasiones, los individuos o especies a utilizar pueden ser autóctonos de la zona a tratar, o bien ser organismos alóctonos, introducidos una vez contrastada su utilidad.

5.3. Recogida y suelta de enemigos naturales

La lucha biológica se ha practicado desde antiguo, en China, donde ya habían observado la utilidad de las hormigas y otros insectos en el control de plagas, en especial de los cítricos. Fue a partir de 1884 con la introducción en California de *Rodolia (Novius) cardinalis*, traída de Australia para controlar la cochinilla acanalada de los cítricos *(Icerya purchasi)*, cuando esta lucha toma carácter científico, con introducciones más o menos masivas de especies beneficiosas autóctonas o alóctonas.

El éxito de esta primera introducción y de otras posteriores (la primera en España, en 1909), unido a los escasos medios de defensa vegetal existentes en ese momento, hizo que la importación de insectos fuera un afán constante de investigadores y agricultores, muchas veces con poco o nada de conocimiento de los efectos posibles sobre otros componentes del ecosistema, tanto biológicos como económicos.

El descubrimiento de los productos químicos de síntesis con poder fitosanitario a mediados del siglo XX, pareció ser el final de este camino de combate, el más "limpio" y "natural" de los conocidos. Los problemas surgidos con la lucha química han hecho que esta vía vuelva a abrirse con fuerza, ya con estudios rigurosos que avalan cada intervención.

La recogida es más o menos sencilla cuando se trata de especies autóctonas o de procedencias cercanas, y se realiza, bien directamente o bien criando plagas ya atacadas, hasta lograr adultos de la especie útil con los que iniciar una cría en laboratorio que produzca suficiente número para su posterior suelta en campo.

Si los parásitos son de países lejanos la metodología es la misma, pero la dificultad aumenta exponencialmente. Además, antes de las sueltas hacen falta profundos estudios que demuestren la utilidad y la no agresividad, hacia otras especies presentes en el medio natural.

Normalmente, cuando se trata de insectos útiles autóctonos y en la casi totalidad de los casos cuando son alóctonos, los insectos beneficiosos capturados o criados no se sueltan ya directamente en el campo a proteger, sino que se crían en laboratorios especializados soltándose en gran cantidad y con técnicas adecuadas, cuando lo necesita la plantación.

La suelta controlada desde laboratorio aumenta las posibilidades de encuentro parásito-plaga y las de su adaptación, ya que antes de cada suelta se conoce el estado del medio ambiente que va a recibir al parásito, actuando cuando ambas son óptimas.

La sueltas se pueden realizar en el estadio del parásito que ataca a la plaga, directamente (casi siempre en adultos) o bien se ponen "criaderos" especializados con huevos o pupas del parásito, desde donde, tras estar protegidos, nacen o avivan las larvas o los adultos entomófagos.

Figura 93. Suelta de parásitos (Foto: María Sánchez Blanco).

5.4. Formulaciones biológicas

La formulaciones biológicas son preparados para la defensa vegetal cuyo principio activo son microorganismos, o alguno de sus productos, que causan la muerte de las plagas o enfermedades a tratar.

El poder de algunos hongos para matar insectos se conoce desde la primera mitad del siglo XIX, pero la dificultad de hacer práctico este descubrimiento y los posteriores con otros microorganismos, hizo que esta lucha no se generalizara hasta mediados del siglo XX.

Son aún relativamente pocos los preparados comerciales con principios activos biológicos, comparados con los químicos. Pero su relativa facilidad para encontrarlos y estudiarlos, su poca influencia en el medio ambiente y los escasos requerimientos de registro (respecto a los químicos) hacen que sean un camino claramente prometedor.

En la actualidad se comercializan especialmente insecticidas, pero también algún acaricida y fungicida; y aunque se empezó con hongos, estos y los virus y nematodos son poco utilizados por sus problemas de manejo.

Por ahora, y en especial desde el descubrimiento a principios del siglo XX del *Bacillus thuringiensis,* son las bacterias las grandes suministradoras de productos biológicos, bien directamente o bien por sus toxinas.

Figura 94. Insecticida biológico.

Como ejemplo, del *B. thuringiensis* se conocen en la actualidad más de 50.000 cepas, con utilidad contra lepidópteros (sobre los que se inició su actividad); pero también últimamente se han encontrado cepas con actividad sobre coleópteros, dípteros, ortópteros e incluso en algún caso contra nematodos.

Desgraciadamente, muchas veces los preparados biológicos parecen perder actividad cuando son usados repetidamente, pues no están exentos de la aparición de cepas resistentes en las plagas y enfermedades tratadas.

Como ya se ha señalado, cualquier producto que contenga microorganismos ha de cumplir, por supuesto, toda la legislación vigente en productos fitosanitarios, y, en especial, el Reglamento UE 2022/1440.

5.5. Uso de feromonas en el control biológico

Definimos feromona como una sustancia volátil y específica que, segregada al medio ambiente por un ejemplar, provoca algún tipo de reacción en los otros individuos de la misma especie.

Las primeras feromonas conocidas y sintetizadas en 1960 fueron de atracción sexual de las hembras (productoras) sobre los machos (receptores) en dos especies de lepidópteros: una beneficiosa, el gusano de seda, y una terriblemente dañina: la *Lymantria dispar*.

Con posterioridad se ha visto que gran cantidad de lepidópteros nocturnos usan este sistema para encontrarse los machos y las hembras, pero también que hay otros muchos grupos que desarrollan feromonas sexuales, y finalmente, que hay feromonas con otros muchos mensajes no sexuales, como las de agregación, las de repulsión, las de aviso de peligro, etc.

En el caso de las feromonas sexuales, no siempre es la hembra la que las produce, existiendo especies en las que es el macho el que "llama" a las hembras con esta técnica, aunque la segregación por las hembras es lo más habitual.

Las feromonas sexuales tienen múltiples utilidades para el control de plagas, destacando las siguientes:

1. Evaluación de presencia de plagas incipientes: la gran sensibilidad de detección de los machos por las feromonas sexuales femeninas (a veces localizables a varios kilómetros) nos permite conocer la existencia de población, por baja que esta sea.
2. Evaluación relativa de poblaciones: el mayor o menor número de machos capturados en un cierto espacio de tiempo, o en un cierto número de trampas, nos permite comparar poblaciones, e incluso marcar umbrales de actuación por zonas.

Figura 95. Trampa de feromona sexual.

3. Conocimientos de ciclos biológicos, épocas y duración de los vuelos, etc.
4. Control directo por eliminación de un sexo: útil solo cuando la reproducción es netamente sexual, ha dado muy buenos resultados en el control, por ejemplo, de la procesionaria del pino, cuando la densidad previa de la plaga no era excesiva (hasta 5 bolsones por hectárea).
5. Control indirecto por confusión: la impregnación del medio ambiente con suficiente cantidad de feromona, hace que los machos no puedan localizar y fecundar a las hembras, acabando así con su población.

Las feromonas de agregación pueden ser desprendidas por hembras o por machos, dependiendo de las especies, y pueden tener un claro componente sexual, al aproximar los dos sexos; pero también "avisan" a los individuos del mismo sexo de la existencia de una buena zona de alimentación (ver figura 80).

Son típicas de los escolítidos y se han usado, igual que las sexuales, tanto para estudios poblacionales como para destrucción directa de la plaga.

Otras feromonas con otros tipos de información se encuentran en estudio, sin que en la actualidad tengan utilidad comercial en agricultura.

2.5.6. Desinfección de suelos (biofumigación)

La desinfección de suelos por biofumigación consiste en aprovechar la generación de sustancias gaseosas volátiles producidas en la descomposición de la materia orgánica en el suelo, para el control de los patógenos de las plantas.

La biofumigación es un proceso natural de descomposición de materia orgánica, del propio cultivo o aportada, tras un período de compostaje que elimina las posibles contaminaciones químicas, de enfermedades y las semillas de malas hierbas. Puede por tanto no solo ser una solución a ciertas plagas y enfermedades, sino también una solución a problemas de residuos agroalimentarios, de difícil y costosa eliminación que, con este método, se convierten en útiles herramientas de una novedosa y buena práctica agrícola.

Al aportar materia orgánica en descomposición, el suelo gana en fertilidad, mejora su estructura y su retención de agua y aumenta su biodiversidad en microorganismos beneficiosos, con una serie de procesos conocidos desde la Antigüedad.

Además de todas estas ventajas ya conocidas, los gases desprendidos (típico olor a amoniaco) en la descomposición, pueden ser utilizados como biocidas contra plagas y enfermedades, sin más que lograr retenerlos en el suelo durante dos o tres meses, con plásticos u otra técnica parecida.

Figura 96. Materia orgánica para compostaje y posible utilización en biofumigación.

La necesidad de fijar los gases con plásticos para que no escapen puede reforzar el efecto desinfectante de la solarización, ya vista con anterioridad, y de hecho lo hace, dándole mayor efectividad y profundidad de actuación.

La desinfección de suelos por biofumigación es un nuevo camino de control de plagas y enfermedades que abre grandes expectativas para la agricultura sostenible y biológica, ya que se basa en una actuación conocida e histórica, como es el aporte de materia orgánica, de la que solo se diferencia por el estado de esta, en descomposición y por retener los volátiles generados.

2.6. Medidas legislativas

2.6.1. Inspección

Desde que el comercio internacional de productos agrarios y forestales se ha hecho habitual, uno de los principales problemas al que se ha enfrentado es la posibilidad, desgraciadamente muchas veces contrastada, de introducir plagas y enfermedades en zonas libres de ellas, llegando a causar auténticas desgracias económicas y ecológicas. Basta recordar los casos de la filoxera y el escarabajo de la patata en Europa, o la *Lymantria dispar* en los Estados Unidos.

Para evitar en lo posible este efecto, todos los países han legislado con mayor o menor efectividad medidas de defensa fitopatológica, y han creado servicios de inspección en puertos, aeropuertos y fronteras, para intentar evitar el tránsito de patógenos, pudiendo impedir la entrada de productos al país e incluso ordenar su inmediata destrucción.

Estas medidas por sí solas no son suficientes muchas veces para evitar la introducción de plagas exóticas, pero sin duda la dificultan, la retrasan y ponen en conocimiento de los técnicos los mayores peligros que nos acechan, favoreciendo su posible identificación.

Otra labor de la inspección es impedir la entrada de productos agrarios con productos fitosanitarios o sus metabolitos en cantidades mayores de las permitidas legalmente o que estén prohibidos en el país de destino.

2.6.2. Cuarentenas

Se conoce como cuarentena el poder legal de los países para prohibir la introducción o tránsito de material vegetal que puede ser portador de plagas o enfermedades de los que está libre (o se encuentran controlados en espacio y peligrosidad), y que pueden ser potencialmente peligrosos para su vegetación.

Las cuarentenas son medidas drásticas que afectan al comercio internacional de alimentos (entre otros) y, como tales, deben siempre adaptarse a las normas internacionales que las rigen, con las directivas emanadas de FAO, para evitar que sean herramientas políticas o barreras económicas, causa de posibles enfrentamientos entre países.

Las cuarentenas se hacen constar en listas por especies prohibidas para cada cultivo y han de ser públicas y conocidas para evitar subjetividades.

En 1951 se funda la EPPO *(European Plant Protection)*, que mantiene dos listas de cuarentena: la A1 de patógenos que no están en la zona de los países que forman la EPPO, y la lista A2 que incluye patógenos peligrosos pero ya presentes en la zona.

Es la inspección fitosanitaria la que se encarga de la posible localización de las plagas y enfermedades de cuarentena y de inmovilizar, rechazar, o incluso mandar destruir las partidas contaminadas por organismos prohibidos que llegan a las fronteras.

2.6.3. Pasaporte fitosanitario

Ante el gran volumen del comercio mundial de productos vegetales, la inspección en fronteras no puede garantizar la sanidad vegetal de todos los productos de importación, por lo que la inspección ha pasado a ser realizada en origen por técnicos del país exportador, que revisan las explotaciones y garantizan que los productos van libres de plagas y enfermedades.

En el caso de material vegetal con posibles problemas, los técnicos plasman esta garantía en una etiqueta conocida como "pasaporte fitosanitario" definido en el Real Decreto 58/2005, con sus modificaciones vigentes actualmente, recogidas en el Reglamento de ejecución (UE) 2017/2313, de 13 de diciembre de 2017, por el que se establecen las especificaciones de formato del pasaporte fitosanitario para los traslados en el territorio de la Unión y del pasaporte fitosanitario para la introducción y los traslados en una zona protegida, que aporta nuevas especificaciones al formato de los posibles distintos pasaportes, y que entró en vigor el 14 de diciembre de 2019, dando validez a los pasaportes anteriores solo hasta el 14.diciembre 2023.

Como novedad respecto a la anterior normativa, lo principal es que todo el material vegetal destinado a plantación debe llevar pasaporte fitosanitario.

El pasaporte debe ser un documento sobre la mercancía y la obligatoriedad de la trazabilidad de los vegetales o productos vegetales. No se exigirá el pasaporte fitosanitario para el traslado de vegetales, productos vegetales u otros objetos suministrados directamente al usuario final. El usuario final está definido como cualquier persona que adquiere vegetales para su uso personal y actúa fuera del ámbito de su profesión, empresa o comercio, incluidos los jardineros domésticos.

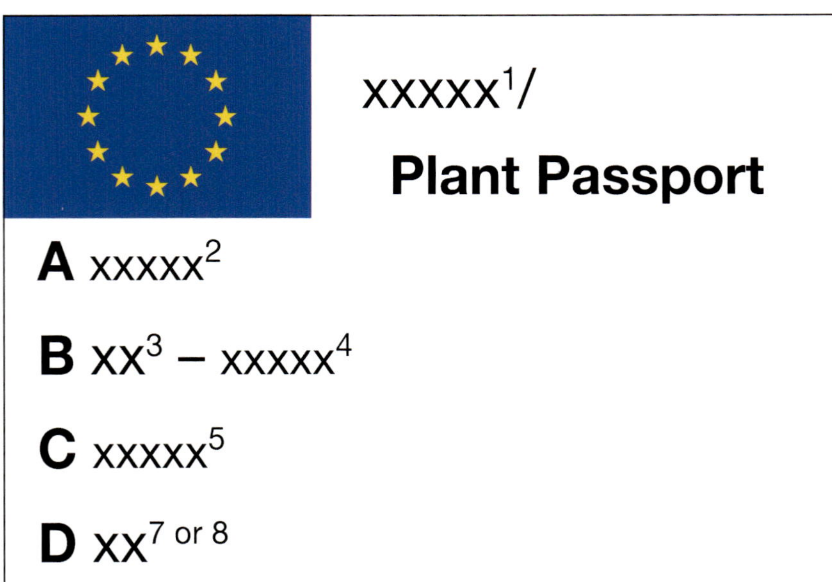

Figura 97. Modelo de pasaporte fitosanitario EU.

D.G. de Agricultura, Ganadería y Alimentación (Medio Ambiente)

CONSEJERÍA DE MEDIO AMBIENTE, AGRICULTURA E INTERIOR

Comunidad de Madrid

Etiqueta del Registro

Solicitud de Registro de Proveedores de Material Vegetal

1.- Tipo de solicitud:

☐	Solicitud de inscripción en el registro				
	☐	Productores	○ Alta	○ Modificación	○ Baja
	☐	Comerciantes	○ Alta	○ Modificación	○ Baja
	☐	Importadores	○ Alta	○ Modificación	○ Baja
☐	Declaración de material vegetal a importar o exportar	¿Es importador de material vegetal procedentes de países no pertenecientes a la U.E:?	○ SI	○ NO	
☐	Solicitud de Pasaporte Fitosanitario	○ Alta	○ Renovación	○ Baja	
☐	Declaración de Cultivos para producción de Semillas y Plantas				
☐	Certificación de Semillas				
	☐	Precintado de envases			
	☐	Desprecintado de envases			
	☐	Reprecintado de envases			
☐	Certificación de Plantas				
	☐	Precintado			
	☐	Desprecintado			

2.- Datos del interesado/Entidad:

NIF/NIE		Apellidos					
Nombre/Razón Social							
Correo electrónico							
Dirección	Tipo vía		Nombre vía			Nº	
Piso		Puerta		C Postal		Localidad	
						Provincia	
País	ESPAÑA	Fax		Teléfono Fijo		Teléfono Móvil	

Figura 98. Primera página de la solicitud electrónica del Registro de Proveedores de Material Vegetal de la Comunidad de Madrid.

Existen excepciones en el reglamento en el que ciertas plantas que sí deberán llevarlo hasta el consumidor final cuando se trata de especies a introducir en zonas protegidas (zonas ZP).

Cada país edita la lista de especies que, en su caso, necesitan pasaporte fitosanitario, con el tipo de pasaporte necesario, y las excepciones, si las hubiera.

3. Productos fitosanitarios: sustancias activas y preparados, interpretación del etiquetado y de las fichas de datos de seguridad

Contenido

Introducción

La agricultura actual, la selvicultura y la jardinería, hoy por hoy necesitan de una serie de medios de defensa y control de plagas y enfermedades que, inevitablemente, pasan en muchas ocasiones por la utilización de sustancias químicas convenientemente comercializadas para su distribución en el campo de manera directa o bajo preparados de manejo muy fácil, que son los llamados "productos fitosanitarios".

Es indudable que desde la aparición en el mundo agrícola del DDT como insecticida, las cosas han cambiado mucho, y ya es evidente que la lucha química, por sí sola, no solo no es la solución a todos los problemas (como se llegó a creer), sino que puede incluso crear problemas mayores que los que se intenta solucionar.

La aparición del concepto de "lucha integrada" o "control integrado" intenta dar solución a este problema ampliando el abanico de posibilidades, pero incluyendo entre ellos un control químico racional, absolutamente imprescindible si se quiere mantener (o como es necesario, ampliar) la producción vegetal mundial.

3.1. Definición

Según el Real Decreto 3349/83, de 30 de noviembre, por el que se aprueba la Reglamentación Técnico-Sanitaria para la fabricación, comercialización y utilización de plaguicidas (RTS) con revisión vigente desde el 10 de noviembre de 2021, se entiende por plaguicida o por producto fitosanitario, las sustancias o ingredientes activos, así como las formulaciones o preparados que contengan una o varios de ellos, destinados a cualquiera de los fines siguientes:

- Combatir los agentes nocivos para los vegetales y productos vegetales, y prevenir su acción.
- Favorecer o regular la producción vegetal, con excepción de los nutrientes y los productos destinados a la enmienda del suelo.
- Conservar los productos vegetales, incluida la protección de la madera.
- Destruir los vegetales indeseables.
- Destruir parte de los vegetales o prevenir un crecimiento indeseable.
- Hacer inofensivos, destruir o prevenir la acción de otros organismos nocivos o indeseables distintos de los que atacan los vegetales.

Por tanto, cualquier sustancia o mezcla de ellas que cumpla con estos fines, es un producto fitosanitario, independientemente de que su origen sea natural (por ejemplo, el azufre), de síntesis (como muchos de los productos químicos actuales) o biológico (como preparados a base de bacterias o virus).

3.2. Ingredientes

3.2.1. Materia activa

Se conoce como materia activa al compuesto químico o biológico que tiene la acción directa deseada sobre la plaga o enfermedad. Normalmente se representa por las iniciales "m. a.", y es obligatorio que los productos fitosanitarios indiquen de manera inequívoca la cantidad que contienen.

En la actualidad, la CE está realizando una profunda revisión, a la baja, del número de materias activas autorizadas para uso fitosanitario, existiendo una lista dinámica de las autorizadas en sus países miembros, que es de obligado cumplimiento.

3.2.2. Ingrediente inerte

Son componentes de los productos fitosanitarios que disminuyen la toxicidad o colaboran a un más eficiente reparto de la m. a., de modo que permite modificar la dosis o la aplicación para hacerlas más fáciles y manejables.

3.2.3. Coadyuvantes

Son sustancias que modifican las propiedades físicas o químicas de las materias activas, como los tensoactivos, estabilizantes, fluidificantes, adherentes, mojantes, dispersantes, etc.

3.2.4. Aditivos

Son sustancias que no modifican la eficacia de los formulados fitosanitarios, pero que se añaden en su fabricación para cumplir prescripciones reglamentarias o legales, u otras finalidades, como los colorantes, repulsivos, etc.

3.3. Presentación

Los productos fitosanitarios se presentan para su uso por el público bajo una denominación comercial, conocida como producto comercial o "formulado".

Los productos comerciales están compuestos por una o más materias activas y, según el caso, incluyen ingredientes inertes, coadyuvantes y aditivos, siempre en una proporción fija y conocida.

Normalmente, en las obras dedicadas a fitosanidad, los productos fitosanitarios se nombran por su o sus materias activas, que son las que le confieren sus propiedades, quedando el nombre comercial exclusivamente para los puntos de venta.

Las principales formas de presentación para su uso son:

- **Polvos para espolvoreo**: La m. a. viene normalmente distribuida con fino polvo de talco, o bien directamente para su uso directo. Se representa por las iniciales "P. P." ,"P. E." o "D. P.".
- **Polvos mojables**: la m. a. viene en forma de polvo, que se diluye en agua para su aplicación, pero no forma una auténtica disolución. Se representan por "W. P." o "P. M.".
- **Polvos solubles**: algunas veces el polvo es realmente soluble en agua formando una auténtica disolución. Se representan por las iniciales "S. P." o "P. S.". Son más cómodos de usar, al no necesitar ser agitados para evitar

los depósitos, pero pocas sustancias químicas con poder fitosanitario tienen esta propiedad.

- **Granulados y cebos**: partículas gruesas sólidas para usar directamente como cebos.
- **Gránulos solubles**: citados con las iniciales "S. G.", se diluyen en agua.
- **Gránulos dispersables o *dryflowables:*** gránulos que se aplican tras su dispersión en agua. Se Representan por "W. G.".
- **Concentrados solubles**: la m.a. es líquida y se disuelve en agua. Se representan por "S. L." o "C. S.".
- **Concentrados emulsionables**: la m.a. va disuelta en disolventes, con un emulsionante, que permite emulsionar con agua. Se representan por "E. C." o "C. E.".
- **Microencapsulados**: la m.a. se encuentra en microcápsulas, que la libera lentamente en ciertas condiciones que nos son favorables. Se representan por "M. E.".
- Otros

3.4. Interpretación de la etiqueta del producto fitosanitario

En todas las legislaciones nacionales, y por supuesto en la española, siempre ha existido una honda preocupación porque el etiquetado de los productos fitosanitarios suministre información suficiente, veraz, clara y concisa tanto de las utilidades del producto como de sus características, composición, sistema de uso y peligrosidad. Esta información se ha de reflejar en la etiqueta, en todo caso, e incluir al menos los siguientes apartados:

- Concentración de m. a.
- Cultivos autorizados.
- Dosis recomendadas.
- Toxicología.
- Plazo de seguridad.
- Otros datos de interés.

La normalización legislativa de la CE, unida a los fallos detectados en los anteriores sistemas nacionales, así como su adaptación a los nuevos requisitos para el comercio de plaguicidas, ha hecho que la comisión haya dictado el Reglamento (UE) nº 547/2011 de 8 de junio de 2011, con prescripciones obligatorias y directamente aplicable en cada Estado miembro desde el 14 de junio de 2011.

En este reglamento, en el anexo 1, se citan todos los requisitos relativos al etiquetado de los productos fitosanitarios, que son los siguientes:

ANEXO I

REQUISITOS RELATIVOS AL ETIQUETADO MENCIONADOS EN EL ARTÍCULO I

1. La información indicada a continuación deberá figurar de manera clara e indeleble en los envases de los productos fitosanitarios:

   a) El nombre o designación comercial del producto fitosanitario.

   b) El nombre y la dirección del titular de la autorización, el número de autorización del producto fitosanitario y, si son diferentes, el nombre y la dirección de la persona responsable del envasado y etiquetado finales o del etiquetado final del producto fitosanitario comercializado.

   c) La denominación de cada sustancia activa, expresada de acuerdo con lo dispuesto en el artículo 10, punto 2.3, de la Directiva 1999/45/CE del Parlamento Europeo y del Consejo, indicando claramente la forma química; se indicará la denominación tal como figura en la lista del anexo VI del Reglamento (CE) nº 1272/2008 del Parlamento Europeo y del Consejo o, si la sustancia activa no figura en dicha lista, se indicará la denominación común ISO; si esta última no está disponible, la sustancia activa se designará con su denominación química con arreglo a las normas de la IUPAC.

   d) La concentración de cada sustancia activa se expresará de la manera siguiente:

      I. En el caso de los sólidos, los aerosoles, los líquidos volátiles (punto de ebullición máximo de 50 °C) o los líquidos viscosos (límite inferior de 1 Pas a 20 °C), en % p/p y g/kg (entendiendo p/p como gramos de m. a. por kg de formulado).

      II. En el caso de otros líquidos/preparados de gel, en % p/p y g/l

      III. En el caso de los gases, en % v/v y % p/p (entendiendo v/v como centímetros cúbicos de m. a. por litro de formulado).

Si la sustancia activa es un microorganismo, su contenido se expresará en número de unidades activas por volumen o peso o de cualquier otra manera que sea pertinente para el microorganismo, por ejemplo en unidades formadoras de colonias por gramo (UFC/g).

   e) La cantidad neta del producto fitosanitario expresada en: g o kg en el caso de los preparados sólidos, g, kg, ml o l en el caso de los gases y ml o l en el caso de los preparados líquidos.

   f) El número del lote del preparado y la fecha de producción.

   g) Información sobre primeros auxilios.

   h) La naturaleza de todo riesgo especial para la salud humana o animal o el medio ambiente, mediante frases normalizadas seleccionadas por la autoridad competente, según proceda, entre las indicadas en el anexo II.

i) Las precauciones de seguridad par la protección de la salud humana o animal o el medio ambiente, mediante frases normalizadas seleccionadas por la autoridad competente, según proceda, entre las indicadas en el anexo III.

j) El tipo de acción del producto fitosanitario (por ejemplo, insecticida, regulador del crecimiento, herbicida, fungicida, etc.) y el modo de acción.

k) El tipo de preparado (por ejemplo, polvo mojable, concentrado emulsionable, etc.).

l) Los usos para los que se ha autorizado el producto fitosanitario y las condiciones agrícolas, fitosanitarias y medioambientales específicas en las que el producto puede o no puede ser utilizado.

m) Las instrucciones y condiciones de uso y la dosificación, con inclusión, cuando proceda, de la dosis máxima por hectárea y por aplicación y del número máximo de aplicaciones anuales; la dosificación, expresada en unidades métricas, para cada uso contemplado en las condiciones de autorización.

n) Cuando proceda, el intervalo de seguridad para cada uso entre la última aplicación y:

   I. La siembra o la plantación del cultivo que se desee proteger.

   II. La siembra o la plantación de cultivos sucesivos.

   III. El acceso por parte de las personas o los animales.

   IV. La cosecha.

   V. El uso o el consumo.

o) Indicaciones sobre la posible fitotoxicidad, la sensibilidad varietal y cualquier otro efecto secundario desfavorable, directo o indirecto, para las plantas o los productos de origen vegetal, así como los intervalos que haya que observar entre la aplicación y la siembra o plantación:

   - Del cultivo en cuestión, o
   - De cultivos sucesivos o limítrofes.

p) La frase "Léanse las instrucciones adjuntas antes de utilizar el producto", en caso de que se añada un prospecto, tal como se establece en el punto 2.

q) Instrucciones para el almacenamiento en condiciones adecuadas y la eliminación segura del producto fitosanitario y del envase.

r) Cuando sea necesario, la fecha de caducidad en condiciones de almacenamiento normales.

s) La prohibición de reutilización del envase, salvo por el titular de la autorización y a condición de que dicho envase se haya diseñado específicamente para poder ser reutilizado por el titular de la autorización.

t) Toda información exigida para la obtención de la autorización de acuerdo con el artículo 31, el artículo 36, apartado 3, el artículo 51, apartado 5, o el artículo 54 del Reglamento (CE) nº 1107/2009.

u) Las categorías de usuarios que pueden utilizar el producto fitosanitario, cuando su uso esté limitado a determinadas categorías.

2. La información pedida en el punto 1, letras m), n), o), q), r) y t), podrá indicarse en un prospecto aparte que acompañe al envase si en este no hay espacio suficiente. Dicho prospecto se considerará parte de la etiqueta.

3. La etiqueta del envase de un producto fitosanitario no podrá contener en ningún caso indicaciones como "no tóxico", "inocuo" o similares. No obstante, en la etiqueta podrá indicarse que el producto fitosanitario puede utilizarse en período de actividad de las abejas u otras especies no diana o en período de floración de cultivos y malas hierbas, u otras expresiones de este tipo destinadas a proteger a las abejas o que contengan información similar sobre la protección de las abejas u otras especies no diana, si la autorización permite explícitamente el uso del producto en esas condiciones.

4. Los Estados miembros podrán supeditar la comercialización de productos fitosanitarios en sus territorios a la condición de que vayan etiquetados en su lengua o lenguas nacionales.

5. No obstante lo dispuesto en el punto 1, de acuerdo con el artículo 54 del Reglamento (CE) nº 1107/2009, el etiquetado y el envasado de los productos fitosanitarios destinados a experimentos o ensayos con fines de investigación o de desarrollo solo tendrá que cumplir lo dispuesto en el punto 1, letras b), c), d), j) y k), del presente anexo. La etiqueta incluirá la información exigida para la concesión del permiso a efectos de ensayo, de acuerdo con el artículo 54, apartado 1, del Reglamento (CE) nº 1107/2009, y la advertencia "Este producto está destinado a un uso experimental y no está plenamente caracterizado. Manipúlese con extremada cautela" (figuras 99.1, 99.2 y 99.3).

Acompañan a este anexo I los anexos II de "frases normalizadas sobre los riesgos especiales para la salud humana o animal o el Medio Ambiente a las que hace referencia el artículo I", y el anexo III de "frases normalizadas relativas a las precauciones de seguridad para la protección de la salud humana o animal o del Medio Ambiente a las que hace referencia el artículo 1" todas ellas en los 22 idiomas oficiales de la Comunidad.

Figura 99.1. Etiqueta de un herbicida (Keynyl).

Figura 99.2. Etiqueta de un producto estimulante de las defensas naturales (Stoker)

Figura 99.3. Etiqueta de un fertilizante, corrector de carencias (Máximo).

Toda esta información, exhaustiva, engloba y casi siempre supera a los requisitos anteriores de cada país de la Europa comunitaria, incluida España.

Las etiquetas dividen su información en tres bloques: características y condicionantes físicos, peligros para la salud y peligros para el medio ambiente, y contienen una serie de "indicaciones de peligro H" (de *hazard*) que antiguamente eran las frases "R", y una serie de consejos de prudencia "P" (antiguas frases "S") que se complementan con una serie de nuevos pictogramas, muy gráficos, que refuerzan las informaciones anteriores.

Desde el 1 de julio de 2017 solo se pueden comprar productos con esta etiquetación CLP de la Unión Europea.

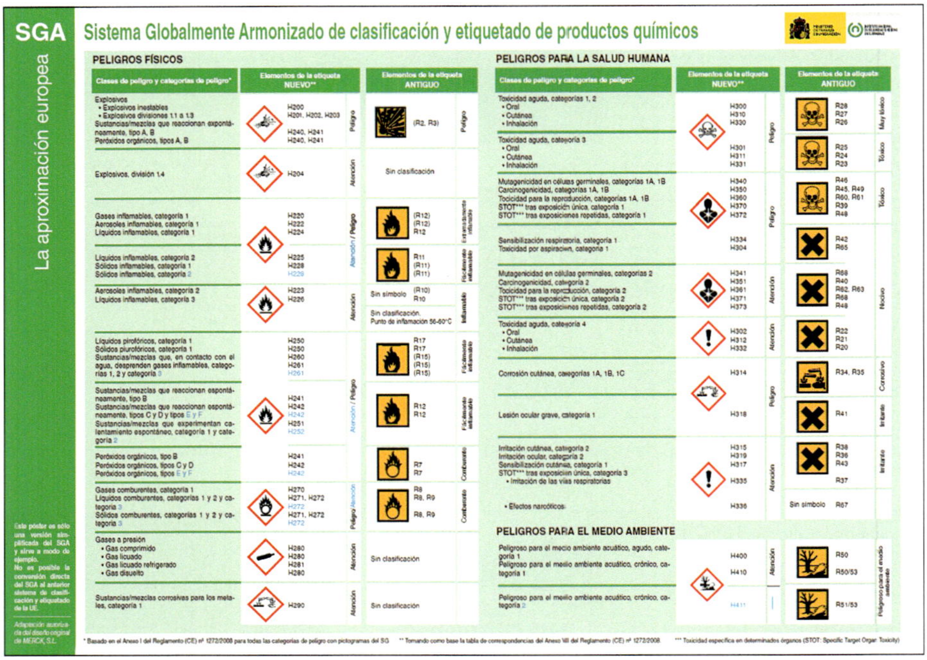

Figura 100. Nuevo Sistema Globalmente Armonizado de clasificación y etiquetado, obligatorio desde 2017.

Toda esta Legislación acaba de cambiar, ya que el reglamento CE, Nº 1272/2008 conocido por sus siglas en inglés CLP, obliga a imponer el Sistema Globalmente Armonizado (SGA) de las Naciones Unidas, de modo que cambia los pictogramas anteriores a un modelo mas intuitivo, con nuevos símbolos y nueva nomenclatura, pasando las frases R de riesgo a indicadores de peligros (Frases H) y las frases S a nuevas frases P, no pudiéndose comprar productos que no estén etiquetados con el sistema CLP a partir del 1 de junio de 2017, de modo que los productos fitosanitarios ya comercializados antes del 1 de junio de 2015 y etiquetados conforme con la Directiva 1999/45/CE, podrán seguir comercializándose hasta el 1 de junio de 2017 con dicha etiqueta. por ello , pueden encontrarse en el mercado simultáneamente productos etiquetados conforme a ambos sistemas de clasificación, DPD y CLP. A partir del 1 de junio de 2017 solo podrán existir en el mercado productos etiquetados conforme con el Reglamento (CE) nº 1272/2008.

3.5. Clasificación de los plaguicidas según

3.5.1. Agente sobre el que actúan

Según la plaga o enfermedad a combatir, los plaguicidas se clasifican en:

- Feromonas y otros transmisores de informaciones varias entre individuos o poblaciones para monitoreo y control, sobre todo de insectos.
- Insecticidas: combaten los insectos.
- Acaricidas: controlan ácaros.
- Helicidas: también llamados molusquicidas, combaten caracoles y babosas.
- Rodenticidas: combaten roedores.
- Repelentes para aves: se utilizan para alejar a las aves de los cultivos.
- Nematicidas: combaten los nematodos.
- Fungicidas: combaten hongos en sentido amplio (hongos y protistas).
- Herbicidas: combaten las malas hierbas.
- Bactericidas: combaten las bacterias, suelen pertenecer al grupo de los antibióticos.
- Desinfectantes del suelo: combaten a las plagas y enfermedades del suelo, a veces de modo específico y a veces general.
- Cicatrizantes: para protección de heridas bien sean naturales, traumáticas o de poda.

3.5.2. Por su riesgo armonizado a nivel U.E.

Si bien tradicionalmente las materias activas se han clasificado en gran medida por su pertenencia a diversos grupos químicos más o menos uniformes ("compuestos de síntesis" como organoclorados, nitrofenoles, carbamatos, etc., o "compuestos naturales" como las piretrinas o los aceites, etc.) el gran desarrollo de nuevos productos, cada vez más complejos y mejor estudiados desde el punto de vista químico, y la prohibición por distintas causas en la UE de algunos de ellos (como los organoclorados) ha hecho que estas clasificaciones, muchas veces algo forzadas, dejen paso a otras más "utilitarias", destacando la clasificación por grupos de las distintas materias activas de los productos fitosanitarios utilizables en la Unión, respecto a un nuevo parámetro, el "riesgo armornizado", que queda recogido en el ANEXO XI del Real Decreto 1311/2012, de 14 de septiembre, con última actualización de 29-12-2022, por el que se establece el marco de actuación para conseguir un uso sostenible de los productos fitosanitarios.

El indicador de riesgo armonizado (HRI1) estima las tendencias del riesgo del uso de plaguicidas en la UE y sus Estados miembros. El uso insostenible de plaguicidas conlleva riesgos e impactos en la salud humana y el medio ambiente. El indicador se basa en estadísticas sobre la cantidad de sustancias activas presentes en los productos fitosanitarios comercializados en virtud del Reglamento (CE) n.º 1107/2009. Estos datos se clasifican en cuatro grupos y se multiplican por factores de ponderación de riesgo para los diferentes grupos de sustancias activas clasificados en la Directiva (UE) 2019/782 de la Comisión, seguidos de la agregación de los resultados de dichos cálculos. Los factores de ponderación que reflejan la política de plaguicidas [que clasifica las sustancias activas plaguicidas como, por ejemplo, sustancias de bajo riesgo o candidatas a la sustitución debido a su perfil toxicológico] para apoyar el uso sostenible de plaguicidas y promover enfoques alternativos para la protección de los cultivos de actuación para conseguir un uso sostenible de los productos fitosanitarios.

ANEXO XI

INDICADORES DE RIESGO ARMONIZADO A NIVEL DE LA UNIÓN EUROPEA

Parte A. Indicador de riesgo armonizado 1. Indicador de riesgo armonizado basado en peligros acorde a las cantidades de sustancias activas comercializadas en el mercado de productos fitosanitarios con arreglo al Reglamento (CE) n.º 1107/2009 del Parlamento Europeo y del Consejo, de 21 de octubre de 2009.

1. Este indicador se basará en estadísticas sobre las cantidades de sustancias activas comercializadas en el mercado de productos fitosanitarios con arreglo al Reglamento (CE) n.º 1107/2009 del Parlamento Europeo y del Consejo, de 21 de octubre de 2009, relativo a la comercialización de productos fitosanitarios y por el que se derogan las Directivas 79/117/CEE y 91/414/CEE del Consejo, facilitadas a la Comisión (Eurostat) en virtud del anexo I (Estadísticas sobre la comercialización de plaguicidas) del Reglamento (CE) n.º 1185/2009. Estos datos se clasifican en cuatro grupos, que se dividen en siete categorías.
2. Se aplicarán las siguientes normas generales al cálculo del indicador de riesgo armonizado 1:
   a) El indicador de riesgo armonizado 1 se calculará sobre la base de la clasificación de las sustancias activas en los cuatro grupos y siete categorías que se especifican en el cuadro 1.
   b) Las sustancias activas del grupo 1 (categorías A y B) serán las enumeradas en la parte D del anexo del Reglamento de Ejecución (UE) n.º 540/2011 de la Comisión, de 25 de mayo de 2011, por el que se aplica el Reglamento (CE) n.º 1107/2009 del Parlamento Europeo y del Consejo, en lo que respecta a la lista de sustancias activas autorizadas.
   c) Las sustancias activas del grupo 2 (categorías C y D) serán las enumeradas en las partes A y B del anexo del Reglamento de Ejecución (UE) n.º 540/2011.
   d) Las sustancias activas del grupo 3 (categorías E y F) serán las enumeradas en la parte E del anexo del Reglamento de Ejecución (UE) n.º 540/2011.

e) Las sustancias activas del grupo 4 (categoría G) serán las no aprobadas con arreglo al Reglamento (CE) n.º 1107/2009 del Parlamento Europeo y del Consejo, de 21 de octubre de 2009, y, por lo tanto, no enumeradas en el anexo del Reglamento de Ejecución (UE) n.º 540/2011.

f) Se aplicarán las ponderaciones indicadas en la fila vi) del cuadro 1.

3. El indicador de riesgo armonizado 1 se calculará multiplicando las cantidades anuales de sustancias activas comercializadas para cada grupo del cuadro 1 por la ponderación de peligro correspondiente establecida en la fila vi), sumando los resultados de estos cálculos.

4. Se podrán calcular las cantidades de sustancias activas comercializadas para cada grupo y categoría del cuadro siguiente:

<table>
<tr><th rowspan="2">FILA</th><th colspan="7">GRUPOS</th></tr>
<tr><th colspan="2">1</th><th colspan="2">2</th><th colspan="2">3</th><th>4</th></tr>
<tr><td>I)</td><td colspan="2">Sustancias activas de bajo riesgo aprobadas o que se consideran aprobadas con arreglo al artículo 22 del Reglamento (CE) 1107/2009 y que figuran en la parte D del anexo del Reglamento de Ejecución (UE) n.º 540/2011.</td><td colspan="2">Sustancias activas aprobadas o que se consideran aprobadas con arreglo al Reglamento (CE) 1107/2009, que no pertenecen a otras categorías y que figuran en las partes A y B del anexo del Reglamento de Ejecución (UE) n.º 540/2011.</td><td colspan="2">Sustancias activas aprobadas o que se consideran aprobadas con arreglo al artículo 24 del Reglamento (CE) 1107/2009, que son candidatas a la sustitución y que figuran en la parte E del anexo del Reglamento de Ejecución (UE) n.º 540/2011.</td><td>Sustancias activas no aprobadas con arreglo al Reglamento (CE) 1107/2009, y, por lo tanto, no enumeradas en el anexo del Reglamento de Ejecución (UE) n.º 540/2011.</td></tr>
<tr><td>II)</td><td colspan="7">CATEGORÍAS</td></tr>
<tr><td>III)</td><td>A</td><td>B</td><td>C</td><td>D</td><td>E</td><td>F</td><td>G</td></tr>
<tr><td>IV)</td><td>Microorganismos</td><td>Sustancias activas químicas.</td><td>Microorganismos.</td><td>Sustancias activas químicas.</td><td>Que no están clasificadas como: carcinógenas de categoría 1A o 1B, y/o tóxicas para la reproducción de categoría 1A o 1B, y/o alteradores endocrinos.</td><td>Que están clasificadas como: carcinógenas de categoría 1A o 1B, y/o tóxicas para la reproducción de categoría 1A o 1B, y/o alteradores endocrinos, en los que el riesgo para los seres humanos es insignificante.</td><td></td></tr>
<tr><td>V)</td><td colspan="7">Ponderaciones de riesgo aplicables a las cantidades de sustancias activas comercializadas en productos autorizados con arreglo al Reglamento (CE) n.º 1107/2009.</td></tr>
<tr><td>VI)</td><td colspan="2">1</td><td colspan="2">8</td><td colspan="2">16</td><td>64</td></tr>
</table>

Cuadro 1. Clasificación de las sustancias activas y de las ponderaciones de peligro con el objetivo de calcular el indicador de riesgo armonizado.

5. La base de referencia para el indicador de riesgo armonizado 1 se fijará en 100 y será igual al resultado medio del cálculo anteriormente citado para el período 2011-2013.

6. El resultado del indicador de riesgo armonizado 1 se expresará por referencia a la base de referencia.

Parte B. Indicador de riesgo armonizado 2. Indicador de riesgo armonizado basado en el número de autorizaciones concedidas con arreglo al artículo 53 del Reglamento (CE) n.º 1107/2009 del Parlamento Europeo y del Consejo, de 21 de octubre de 2009.

1. Este indicador se basará en el número de autorizaciones concedidas para productos fitosanitarios con arreglo al artículo 53 del Reglamento (CE) n.º 1107/2009 del Parlamento Europeo y del Consejo, de 21 de octubre de 2009, comunicadas a la Comisión de conformidad con el artículo 53, apartado 1, de dicho Reglamento. Estos datos se clasifican en cuatro grupos, que se dividen en siete categorías.

2. Se aplicarán las siguientes normas generales para el cálculo del indicador de riesgo armonizado 2:

   a) El indicador de riesgo armonizado 2 se basará en el número de autorizaciones concedidas con arreglo al artículo 53 del Reglamento (CE) n.º 1107/2009 del Parlamento Europeo y del Consejo, de 21 de octubre de 2009. Se calculará sobre la base de la clasificación de las sustancias activas en los cuatro grupos y siete categorías que se especifican en el cuadro 2.

   b) Las sustancias activas del grupo 1 (categorías A y B) figuran en la parte D del anexo del Reglamento de Ejecución (UE) n.º 540/2011.

   c) Las sustancias activas del grupo 2 (categorías C y D) son las enumeradas en las partes A y B del anexo del Reglamento de Ejecución (UE) n.º 540/2011.

   d) Las sustancias activas del grupo 3 (categorías E y F) serán las enumeradas en la parte E del anexo del Reglamento de Ejecución (UE) n.º 540/2011.

   e) Las sustancias activas del grupo 4 (categoría G) serán las no aprobadas con arreglo al Reglamento (CE) n.º 1107/2009, del Parlamento Europeo y del Consejo, de 21 de octubre de 2009, y, por lo tanto, no enumeradas en el anexo del Reglamento de Ejecución (UE) n.º 540/2011.

   f) Se aplicarán las ponderaciones indicadas en la fila vi) del cuadro 2 de esta sección.

3. El indicador de riesgo armonizado 2 se calculará multiplicando el número de autorizaciones concedidas para productos fitosanitarios con arreglo al artículo 53 del Reglamento (CE) n.º 1107/2009 del Parlamento Europeo y del Consejo, de 21 de octubre de 2009, para cada grupo del cuadro 2 por la ponderación de peligro correspondiente establecida en la fila vi), sumando los resultados de estos cálculos.

<table>
<tr><th rowspan="2">FILA</th><th colspan="7">GRUPOS</th></tr>
<tr><th colspan="2">1</th><th colspan="2">2</th><th colspan="2">3</th><th>4</th></tr>
<tr><td>I)</td><td colspan="2">Sustancias activas de bajo riesgo aprobadas o que se consideran aprobadas con arreglo al artículo 22 del Reglamento (CE) 1107/2009 y que figuran en la parte D del anexo del Reglamento de Ejecución (UE) n.º 540/2011.</td><td colspan="2">Sustancias activas aprobadas o que se consideran aprobadas con arreglo al Reglamento (CE) 1107/2009, que no pertenecen a otras categorías y que figuran en las partes A y B del anexo del Reglamento de Ejecución (UE) n.º 540/2011.</td><td colspan="2">Sustancias activas aprobadas o que se consideran aprobadas con arreglo al artículo 24 del Reglamento (CE) 1107/2009, que son candidatas a la sustitución y que figuran en la parte E del anexo del Reglamento de Ejecución (UE) n.º 540/2011.</td><td>Sustancias activas no aprobadas con arreglo al Reglamento (CE) 1107/2009, y, por lo tanto, no enumeradas en el anexo del Reglamento de Ejecución (UE) n.º 540/2011.</td></tr>
<tr><td>II)</td><td colspan="7">CATEGORÍAS</td></tr>
<tr><td>III)</td><td>A</td><td>B</td><td>C</td><td>D</td><td>E</td><td>F</td><td>G</td></tr>
<tr><td>IV)</td><td>Microorganismos</td><td>Sustancias activas químicas.</td><td>Microorganismos.</td><td>Sustancias activas químicas.</td><td>Que no están clasificadas como: carcinógenas de categoría 1A o 1B, y/o tóxicas para la reproducción de categoría 1A o 1B, y/o alteradores endocrinos.</td><td>Que están clasificadas como: carcinógenas de categoría 1A o 1B, y/o tóxicas para la reproducción de categoría 1A o 1B, y/o alteradores endocrinos, en los que el riesgo para los seres humanos es insignificante.</td><td></td></tr>
<tr><td>V)</td><td colspan="7">Ponderaciones de peligro aplicables al número de autorizaciones concedidas con arreglo al artículo 53 del Reglamento (CE) 1107/2009.</td></tr>
<tr><td>VI)</td><td colspan="2">1</td><td colspan="2">8</td><td colspan="2">16</td><td>64</td></tr>
</table>

Cuadro 2. Clasificación de las sustancias activas y de las ponderaciones de peligro con el objetivo de calcular el indicador de riesgo armonizado.

4. La base de referencia para el indicador de riesgo armonizado 2 se fijará en 100 y será igual al resultado medio del cálculo anteriormente citado para el período 2011-2013.

5. El resultado del indicador de riesgo armonizado 2 se expresará por referencia a la base de referencia.

3.5.3. Comportamiento en la planta

- De contacto o superficiales: son fitosanitarios que realizan su acción directamente desde sus puntos de impacto en las plantas tras el tratamiento, quedando en las superficies tratadas.
- Penetrantes: también llamados "translaminares", pueden atravesar la cutícula de la planta sobre la que se aplican, quedando fijados en su interior, pero no tienen poder para desplazarse en el interior del vegetal. Pueden usarse de modo aéreo o radicular, protegiendo solo las zonas de contacto.
- Sistémicos: son productos fitosanitarios con el poder de penetrar en la planta, incorporarse de la corriente de savia y desplazarse por el vegetal. Pueden ser aplicados igualmente de modo aéreo o radicular, pero en los dos casos protegen toda la planta.

3.5.4. Especificidad

Dependiendo del número de especies a las que afectan (incluso a veces familias, órdenes o reinos), los productos fitosanitarios se clasifican en:

- Biocidas totales: destruyen todo tipo de organismos puestos en contacto con ellos.
- Amplio aspectro: atacan a gran cantidad de especies, incluso de diversos géneros, y a veces de distintas familias, órdenes o incluso reinos, pero no a todas. Se conocen como sustancias politóxicas.
- Selectivos: atacan a una sola especie o un grupo reducido de ellas. Si solo atacan a una especie se llaman también específicos o sustancias monotóxicas; si es a un grupo reducido se llaman sustancias oligotóxicas.

3.5.5. Modo de acción

- Preventivos: actúan antes del ataque, impidiendo que este se inicie. Son típicos los fungicidas que impiden la germinación de esporas, y algunos herbicidas que impiden la germinación de las semillas.
- De contacto: actúan al ponerse en contacto con el fitopatógeno, lográndose solo con esto la acción deseada (muerte, inhibición, repulsión, etc.).
- De ingestión: es necesario que sea ingerido para poder ejecutar su acción. Es por tanto exclusivo de plagas (del reino animal).
- De inhalación: el producto penetra por la respiración de la plaga.

- Mixtos: existen productos que actúan con más de uno de estos métodos de acción, pudiendo ser preventivo y de contacto; de contacto e ingestión; de contacto e inhalación; de contacto, ingestión e inhalación, etc.

3.6. Transporte y almacenamiento de productos fitosanitarios

El transporte de mercancías peligrosas en España está regulado por el Real Decreto 97/2014, de 14 de febrero, por el que se regulan las operaciones de transporte de mercancías peligrosas por carretera en territorio español. Con su última actualización del 12-11-2022, que deroga el anterior Real Decreto 551/2006, de 5 de mayo, ya por tanto no en vigor.

Normalmente, salvo empresas especializadas, el transporte suele ser por agricultores o gestores de montes y jardines, y en cantidades que no necesitan la aplicación de la normativa citada, pero sí una serie de medidas de precaución que siempre se deben aplicar:

- El plaguicida debe ir separado del conductor y de otras personas, o en su caso de animales. Si es un vehículo particular, debe ir en la baca o en el maletero.
- Nunca se transportarán plaguicidas con alimentos ni piensos.
- El producto siempre irá en su envase original, bien sujeto, sin posibilidad de golpearse, y protegido del sol y la lluvia.
- El trayecto se hará sin paradas en las que el conductor abandone el vehículo, y la descarga se hará de inmediato al llegar a destino.
- El vehículo debe ir dotado de medidas de seguridad por si ocurre algún accidente (guantes, "mono", careta, extintor, arena o serrín, etc.).

Respecto al almacenamiento, también la legislación a nivel de España y de la CE es extensa y muy detallada, obligando a estar registrado a cualquier comercio que se dedique a fitosanitarios. Son de destacar la Reglamentación Técnico-Sanitaria para la fabricación, comercialización y utilización de plaguicidas del Real Decreto 3349/1983 y sus modificaciones, especialmente el Real Decreto 255/2003 de 28 de febrero, con revisión vigente desde el 1-6-2015.

Como en el caso del transporte, quedan exentos los usuarios con pequeñas explotaciones y, por tanto, con pequeñas cantidades de almacenamiento que, no obstante, han de cumplir una serie de requisitos mínimos para poder almacenar:

- Los almacenes han de ser solo de fitosanitarios, sin otros productos como alimentos, forrajes, semillas, etc. que se puedan contaminar.

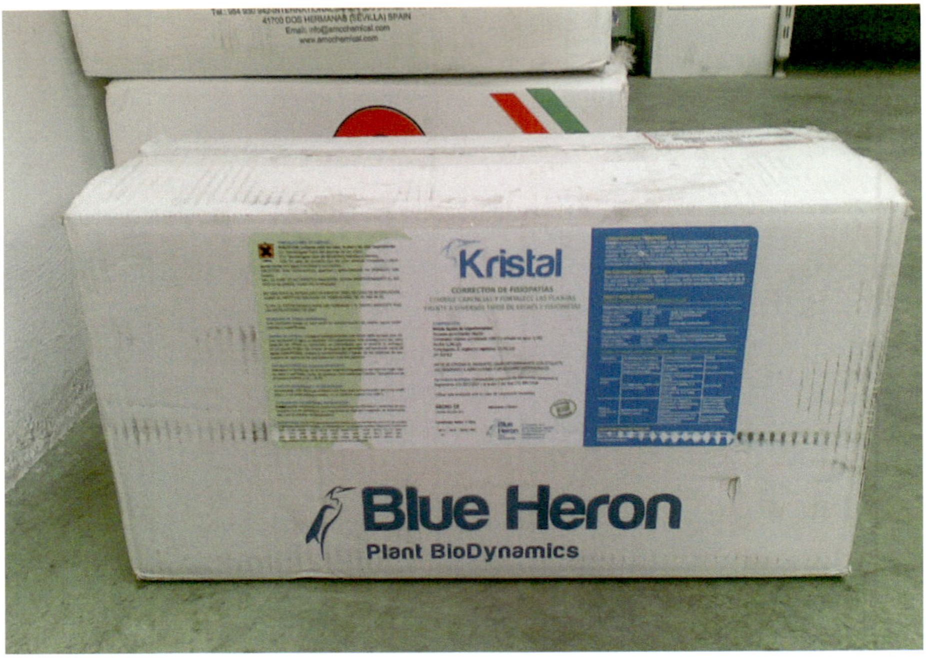

Figura 101. El producto siempre ha de ir en su embalaje original y cerrado.

- El almacén debe estar fabricado con materiales ignífugos e impermeables, estar cerrado con llave y situarse en un lugar alto y seco. También debe tener suficiente iluminación para leer y trabajar con comodidad.
- Debe tener buena ventilación, y el número de extintores que marca la ley (al menos 1 cada 15 metros). No puede tener salida directa al alcantarillado, y debe disponer de botiquín y de todas las medidas de seguridad ante posibles escapes, en especial ropa protectora.
- El suelo debe ser de solera impermeable, con ligera pendiente y recogida independiente de agua, por si es necesario el lavado tras algún escape.

Figura 102. Armario-almacén solo para fitosanitarios, y ordenados.

- Los productos deben ordenarse por su utilidad (insecticidas, herbicidas, acaricidas, etc.), y utilizarse siempre por orden de llegada (el que llega antes, sale antes). Nunca se deben cambiar de envase, ni conservar ninguno que no esté perfectamente etiquetado.
- Los productos almacenados siempre estarán cerrados, en posición vertical y con el cierre o tapón hacia arriba. El envase debe conservar perfectamente legible y sin tachaduras la etiqueta original. Una vez abierto un envase, el sobrante del producto debe almacenarse en el envase original.
- El justificante de la entrega de envases a la entidad autorizada debe conservarse durante 3 años al menos.
- Las estanterías de almacenamiento tienen que ser de fácil acceso: la primera fila debe estar a 10 centímetros del suelo, nunca en contacto con él, y la última a unos 1,50 metros.
- Se debe tener un plan básico para emergencias, y los teléfonos de bomberos, protección civil y asistencia médica siempre a la vista.
- No comer ni fumar nunca en el interior.
- En caso de emergencia, contactar rápidamente con los servicios competentes; y en caso de incendio, antes de nada llamar a los bomberos.
- Se debe revisar periódicamente el almacén, con especial cuidado a:
  - Olores fuertes que pueden indicar pérdidas.
  - Manchas o presencia de líquidos o polvo en las estanterías.
  - Estado de los envases, manchas o deformaciones.
  - Estado del etiquetado.
  - Correcta colocación y limpieza general de la instalación.
  - Ausencia de roedores u otros organismos que puedan causar daños.
- Por último, recordar que es mejor adquirir los productos que se van a consumir, evitando acumulaciones excesivas, que son siempre fuente de problemas y preocupaciones.

3.7. Preparación de productos fitosanitarios para su aplicación

3.7.1. Dosis

En un tratamiento fitosanitario definimos como dosis la cantidad de producto final o caldo utilizado por unidad de superficie, normalmente por hectárea.

Es muy importante no confundir este concepto con otro muy utilizado, que es el de “dosificación”, ya que este representa la cantidad de materia activa (m. a.) por unidad de superficie, también normalmente la hectárea.

Por tanto, en un tratamiento donde se apliquen 100 g de m. a. por ha en 10 litros de agua, la dosis sería de 10 l/ha, y la dosificación de 100 g/ha. Si en vez de usar 10 l de agua/ha, usamos 50 l/ha, la dosis sería de 50 l/ha pero la dosificación seguirá siendo la misma de 100 g/ha, ya que no hemos cambiado la cantidad de m. a.

3.7.2. Mezcla

La mezcla, también llamada caldo cuando es líquida, es el producto final que realmente se aplica sobre la superficie vegetal a tratar.

Dado que los polvos (salvo los polvos mojables) y los sólidos, casi siempre vienen preparados para su uso directo (al igual que los gases o los productos fumigantes), al hablar de mezcla casi siempre nos referimos a productos líquidos.

Si hay que mezclar sólidos, deben mezclarse antes de su inclusión en el depósito, agitando y mezclando en profundidad para poder asegurar su homogeneidad final.

En el caso de líquidos la mezcla es el resultado de diluir el producto casi siempre en agua (aunque pueden ser otros, como ya se ha visto) para garantizar el recubrimiento de los vegetales a tratar. Es posible que, además, se añadan otros componentes como mojantes, dispersantes, adherentes, etc. aparte del producto y del diluyente. La suma de todos es lo que constituye la mezcla y lo que por tanto se debe aplicar a la dosis correspondiente.

En la mezcla pueden intervenir más de una materia activa, de distinta o de igual utilidad (insecticida + insecticida de otro grupo, insecticida + fungicida, etc.) pero nunca se deben aplicar más de tres a la vez, y en todo caso hay que estar seguro de la compatibilidad de todos los componentes de la mezcla final.

Una vez conocida la dosis a la que queremos tratar (que nos viene dada por la casa comercial) y la dosificación de m. a. que hay que emplear, la preparación del caldo es inmediata, sin más que realizar una regla de tres con el volumen total a preparar.

En todo caso es muy conveniente ir preparando solo la mezcla necesaria para cada cuba o máquina de aplicación, según se va usando, y no preparar grandes cantidades que quedarán sin utilizar si hay que suspender el tratamiento, con los problemas de almacenamiento, estabilidad y seguridad que esto conlleva.

Para preparar la mezcla, en principio lo normal es llenar la cuba o recipiente con agua o el disolvente elegido más o menos hasta la mitad o los dos tercios, añadir el producto o productos fitosanitarios, agitar fuertemente, completar el llenado agitando a la vez y realizar el tratamiento lo antes posible.

3.7.3. Incompatibilidades

Al preparar una mezcla, es relativamente normal que no se use una sola materia activa, por lo que, antes de realizarla, hay que estar seguro de que todos los utilizados (nunca más de tres) son compatibles entre sí, y no interfieren en sus aplicaciones y métodos de acción.

La incompatibilidad de productos puede venir por:

- Problemas químicos: se producen reacciones que modifican los productos, no pudiendo garantizarse por ello su efectividad, o apareciendo incluso nuevos productos tóxicos o fitotóxicos.
- Problemas físicos: la mezcla "se corta", se forman grumos o cualquier otro efecto que haga que la mezcla no puede fluir con normalidad, y el tratamiento se vuelve no uniforme, o incluso imposible.
- Efectos biológicos: si cada producto mantiene su efectividad dentro de la mezcla, se dice que tienen efecto aditivo, y biológicamente son fáciles de evaluar. Algunas veces la mezcla potencia mucho la efectividad de una o más de las materias activas aportadas, diciéndose entonces que el efecto es sinérgico, lo cual en principio puede ser positivo; pero hay que conocerlo para poderlo evaluar, y finalmente en algunos casos alguno de los productos (o todos) pueden perder efectividad, conociéndose entonces como efecto de antagonismo, haciendo por tanto la mezcla no utilizable.

Si en la mezcla interviene algún concentrado emulsionable, debe añadirse al final; si hay algún polvo mojable o soluble, debe añadirse al principio, y siempre hay que tener en cuenta que las mezclas de polvos mojables y concentrados emulsionables suelen ser problemáticas, por lo que si es posible, se deben buscar otras formulaciones más compatibles.

Si los pH son diferentes, se debe añadir primero el producto más ácido (pH menor) y después el más básico (pH mayor). Grandes diferencias de pH suelen también representar posibilidad de problemas.

Por último, y como en toda manipulación de productos fitosanitarios antes de realizar la mezcla, se debe leer concienzudamente las etiquetas, ya que es normal que en ellas consten las compatibilidades e incompatibilidades, aunque normalmente solo entre los productos de cada casa comercial, por lo que es prudente realizar una pequeña prueba previa antes de la fabricación del caldo final.

Glosario

Abiótico: causado por unidades no bióticas, no vivas.

Aclareo: disminución en la densidad de vegetales o sus partes, para lograr un fin positivo determinado.

Adherente: sustancia que ayuda a no separarse a dos cuerpos puestos en contacto.

ADN: siglas del ácido desoxirribonucleico, ácido nucleico fundamental para la información celular y la trasmisión hereditaria.

Aislamiento: separación de otros posibles biomas.

Alóctono: que tiene su origen en un lugar diferente al que ahora ocupa.

ARN: siglas de ácido ribonucleico, ácido nucleico que transfiere la información imprescindible para el funcionamiento del ADN.

Atrofia: partes de un ser vivo con una disminución patológica de actividad o tamaño, pero no muertas.

Autóctono: perteneciente a la población natural de un lugar.

Autótrofo: ser vivo capaz de sintetizar los hidratos de carbono a partir de elementos inorgánicos.

Barrena de Pressler: instrumento de precisión diseñado para extraer pequeñas porciones cilíndricas de madera de un árbol vivo sin ser prácticamente dañado, para conocer el estado de su interior, número de asnillos de crecimiento, etc.

Biótico: causado por unidades orgánicas que componen la biosfera o conjunto de seres vivos.

Caducifolio: que pierde la hoja en la estación desfavorable

Cancro: ver chancro.

Celulosa: sustancia que se encuentra en las paredes de las células vegetales.

Cercos anales: apéndices de la zona genital de ciertos insectos, con fines de reproducción.

Chancro: lesión ulcerosa con dificultad para cicatrizar, a veces es llamado "cancro."

Cinta métrica "pi": cinta métrica cuyos valores vienen dados de modo que al medir un diámetro, nos da directamente la longitud de la circunferencia.

Clorofila: pigmento al que deben el color verde las hojas y tallitos de las plantas, imprescindible para su nutrición autótrofa.

Clorosis: falta de coloración en hojas y zonas verdes por una deficiente producción de clorofila, causada por alguna enfermedad o fisiopatía.

Cutícula: película externa de la epidermis, que la recubre por completo.

Detritívoro: que obtiene su alimentación de materia orgánica en descomposición.

Dispersantes: son aditivos que se utilizan para lograr que un soluto (normalmente la materia activa) tenga distribución y dispersión en un disolvente.

Enmienda: aporte de un producto fertilizante o de materiales destinados a mejorar la calidad de los suelos respecto a su estructura y composición, nutrientes, o su pH para controlar su basicidad o acidez.

Entomófago: que se alimenta de insectos.

Entrecavado: mover ligeramente las primeras capas de tierra, de modo superficial y no profundo.

Enzima: proteína compleja que produce un cambio químico en un ser vivo, normalmente acelerando una cierta reacción química.

Epidermis: membrana externa del vegetal, que protege todo el interior.

Escarda: eliminación de "malas hierbas."

Esporangio: lugar donde se producen, asientan o contiene esporas.

Estabilizantes: sustancias que añadidas a ciertos preparados sirven para evitar su degradación.

Exudado: sustancia secretada de manera anormal a través de los tejidos enfermos de las plantas.

Feromona: sustancias químicas volátiles que utilizan los insectos (y otros animales) para comunicarse entre si. Pueden tener utilidad sexual (atrayentes de otro sexo o repelentes hacia el mismo sexo), alimenticia, de aviso de peligro, de agregación, repelentes, etc.

Fisiológicos: efectos debidos a los fenómenos vitales normales.

Fitófago: que se alimenta de plantas.

Fluidificante: sustancia que hace más fluido un liquido viscoso.

Forcípula: aparato para medir el diámetro de los árboles.

Fotosíntesis: proceso químico que tiene lugar en las plantas con clorofila y que permite, gracias a la energía de la luz, transformar un sustrato inorgánico en materia orgánica.

Gomosis: exudación de gomas y mucílagos de fácil solidificación en contacto con el aire.

Gutación: expulsión del agua sobrante de una planta por medio de pequeñas gotas por los llamados hidatodos y estomas acuíferos.

Haustorios: elemento de alimentación de una planta parasita, que penetra en la planta hospedante.

Heterótrofo: ser vivo incapaz de sintetizar los hidratos de carbono a partir de elementos inorgánicos.

Hidatodo: órgano secretor, generalmente en las hojas, que segrega soluciones acuosas generalmente muy diluidas.

Hifas: cada uno de los elementos filamentosos que constituyen el aparato vegetativo de un hongo (micelio).

Hiperplasia: aumento patológico del número de células en un tejido.

Hipsómetro: aparato de medición para conocer la altitud sobre el nivel del mar o sobre un nivel de referencia.

Inóculo: pequeña porción de un ser vivo (en patología) que se introduce de manera natural o accidental en otro sensible a la misma, iniciando en ella una enfermedad.

Lenticelas: protuberancias en la peridermis de las plantas leñosas que permiten el intercambio de gases entre la atmósfera y los tejidos internos.

Marchitez: pérdida de turgencia de una planta o de alguna de sus partes.

Melaza: secreción azucarada que desprenden algunos insectos, principalmente pulgones y cochinillas.

Micelio: aparato vegetativo de los hongos, formado por células desprovistas de clorofila, y de aspecto filamentoso.

Mojante: son sustancias no fitosanitarias que se añaden a los caldos fitosanitarios mejorando notablemente su eficacia durante la pulverización, bien por la mayor adherencia a las hojas del cultivo, bien por facilitar la mezcla y la dispersión de los productos.

Necrosis: muerte celular.

Nectarios: glándulas para segregar líquidos azucarados que atraen a los insectos polinizadores.

Nucleótidos: componentes básicos de los ácidos nucleicos, imprescindibles para la reproducción de las células.

Patológico: enfermo.

Plántula: plantita recién nacida tras la germinación de la semilla.

Quitina: sustancia que se encuentra en el exoesqueleto de los insectos, y en los hongos.

Rizomorfos: conjunto de hifas de un hongo, formando cordones de estructura compleja y con crecimiento apical.

Taxonomía: ciencia que se ocupa de la clasificación de las plantas.

Tensoactivos: sustancias que modifican la tensión superficial del agua para adaptarla a nuestras necesidades.

Toxina: producto tóxico secretado por un ser vivo.

Translocación: movimiento de un producto dentro de la planta.

Tráquea: vaso abierto, tubular.

Tumor: hinchazón anormal de alguna parte de la planta.

Vector: animal trasmisor de gérmenes de cualquier enfermedad.